W0342301

Einstern

Mathematik für Grundschulkinder

3

Themenheft 2

- Addition und Subtraktion im Zahlenraum bis 1 000
- Geometrie Teil 2 – Flächen

Erarbeitet von Roland Bauer und Jutta Maurach

In Zusammenarbeit mit der Cornelsen Redaktion Grundschule

Cornelsen

Einstern 3

Mathematik für Grundschulkinder
Themenheft 2

Addition und Subtraktion
im Zahlenraum bis 1 000

Geometrie Teil 2 –
Flächen

Erarbeitet von: Roland Bauer, Jutta Maurach

Fachliche Beratung: Prof'in Dr. Silvia Wessolowski

Fachliche Beratung exekutive Funktionen: Dr. Sabine Kubesch, INSTITUT BILDUNG plus, im Auftrag des ZNL TransferZentrum für Neurowissenschaften und Lernen, Ulm

Redaktion: Friederike Thomas, Peter Groß, Uwe Kugenbuch

Illustration: Yo Rühmer

Umschlaggestaltung: Cornelia Gründer, agentur corngreen, Leipzig

Layout und technische Umsetzung: lernsatz.de

fex

fex steht für *Förderung exekutiver Funktionen*. Hierbei werden neueste Erkenntnisse der kognitiven Neurowissenschaft zum spielerischen Training exekutiver Funktionen für die Praxis nutzbar gemacht. **fex** wurde vom **ZNL TransferZentrum für Neurowissenschaften und Lernen** *(www.znl-ulm.de)* an der Universität Ulm gemeinsam mit der **Wehrfritz GmbH** *(www.wehrfritz.com)* ins Leben gerufen. Die Cornelsen Schulverlage haben in Kooperation mit dem ZNL ein Konzept für die Förderung exekutiver Funktionen im Unterrichtswerk *Einstern* entwickelt.

Bildnachweis

33.1 Fotolia/© Becker #77247404 (Uhr) **33.2** Fotolia/© hans12 #33485241 (Knopf) **33.3** Shutterstock/Flipser (Brief) **33.4** Shutterstock/canbedone (Postit) **33.5** Fotolia/© Mannaggia #70126408 (Spielkarte) **33.6** Shutterstock/Champ008 (CD) **33.7** Fotolia/© claer #51727497 (Geodreieck) **35.1** Ilja Grigorjewitsch Tschaschnik „Suprematische Komposition"/akg-images **35.2** Wassily Kandinsky „Mit dem Dreieck"/bridgemanimages.com **39.1** Fotolia/© redkoala #94155593 **39.2** Fotolia/© irmaiirma #82293647 **39.3** Fotolia/© pgmart #94639745

www.cornelsen.de

1. Auflage, 1. Druck 2016

Alle Drucke dieser Auflage sind inhaltlich unverändert
und können im Unterricht nebeneinander verwendet werden.

Druck: Parzeller print & media GmbH & Co. KG, Fulda

ISBN 978-3-06-083692-5

PEFC
PEFC/04-31-1308

PEFC zertifiziert
Dieses Produkt stammt aus nachhaltig bewirtschafteten Wäldern und kontrollierten Quellen.
www.pefc.de

Inhaltsverzeichnis

Janek
PATRICK
436+285=721
436+200=636
636 + 80 = 716
716 + 5 = 721
Mai-Lin
LEA
325-178 =
325-100-70-8=
436+285
325-178
LENA
325-178=147
325- 8=317
317- 70=247
247-100=147
-100
325
-8
-70
225
-70
317 325
-8
147 155
-100
247
147
TIM
Jetzt rechnen wir Plus- und Minusaufgaben.

Plus- und Minusaufgaben bis 100 wiederholen und üben

1 Rechne im Kopf.
Schreibe nur die Ergebnisse auf.

a)	b)
46 + 30 = ☐	59 − 40 = ☐
53 + 40 = ☐	78 − 50 = ☐
61 + 20 = ☐	43 − 30 = ☐
35 + 50 = ☐	81 − 20 = ☐

Seite 5 Aufgabe 1
a) 76 b) ...
⋮

2 Ergänze passende Zehnerzahlen.
Finde verschiedene Möglichkeiten.

a) 31 + ☐ + ☐ + ☐ = 91
b) 82 − ☐ − ☐ − ☐ = 12
c) 17 + ☐ + ☐ + ☐ + ☐ = 87
d) 95 − ☐ − ☐ − ☐ − ☐ = 25

Seite 5 Aufgabe 2
a) 31 + ... b) ...

31 + 10 + 20 + 30 = 91

3 Rechne im Kopf.
Schreibe nur die Ergebnisse auf.

a)	b)
32 + 43 = ☐	68 − 34 = ☐
21 + 27 = ☐	46 − 21 = ☐
56 + 21 = ☐	55 − 33 = ☐
44 + 51 = ☐	79 − 51 = ☐

Seite 5 Aufgabe 3
a) 75 b) ...
⋮

4 Rechne mit deinem Rechenweg.

a)	b)
68 + 27 = ☐	42 − 17 = ☐
19 + 46 = ☐	84 − 58 = ☐
25 + 59 = ☐	63 − 45 = ☐
38 + 34 = ☐	35 − 26 = ☐

c)	d)
56 + 37 = ☐	91 − 67 = ☐
66 − 27 = ☐	17 + 45 = ☐
29 + 49 = ☐	74 − 36 = ☐
51 − 26 = ☐	42 + 39 = ☐

Seite 5 Aufgabe 4
a) 68 + 27 = ... b) ...
⋮

5 Stelle mit den Zahlenkärtchen Plusaufgaben zusammen.
Schreibe sie auf und löse sie.
Kontrolliere selbst mithilfe der Umkehraufgabe.

37 54 28 43 ☐
24 49 35 51 ☐

Seite 5 Aufgabe 5
a) 37 + 54 = 91, denn 91 − 54 = 37
...

⋆ lösen Plus- und Minusaufgaben im Zahlenraum bis 100 im Kopf
⋆ überprüfen Ergebnisse mithilfe der Umkehraufgabe

1 Die Kinder haben ein Wurfspiel gemacht.

a) Berechne, wie viele Punkte jedes Kind erreicht hat.

	Max	Lea	Mai-Lin	Janek
1. Wurf	200	500	200	500
2. Wurf	200	100	200	–
3. Wurf	100	200	500	200

Seite 6 Aufgabe 1
a) Max: 500 Punkte
Lea: ...
⋮
b) Max: 3. Wurf: 500 Punkte
Lea: 1. Wurf: ...
⋮

b) In der zweiten Runde haben die Kinder nicht alle Wurfergebnisse notiert. Berechne und schreibe die fehlenden Punktzahlen in dein Heft.

	Max	Lea	Mai-Lin	Janek
1. Wurf	200	■	■	200
2. Wurf	200	500	500	■
3. Wurf	■	100	–	500
zusammen	900	800	600	700

2 Welche Würfe könnten die Kinder ausgeführt haben? Schreibe passende Rechnungen in dein Heft.

a) Mai-Lin hat mit zwei Würfen 600 Punkte erzielt.

b) Janek hat mit drei Würfen 900 Punkte erreicht.

c) Max hatte drei gleiche Würfe und zusammen mehr als 500 Punkte.

d) Finde und berechne selbst weitere Aufgaben.

Seite 6 Aufgabe 2
a) 600 = 500 + 100 oder
600 = 100 + 500
b) ...
c) 500 < ...

★ erkennen den Zusammenhang zwischen einer Sachsituation und einer tabellarischen Ergebnisdokumentation
★ erschließen sich und berechnen aus Tabellen Daten, die nicht direkt ablesbar sind
★ variieren die Aufgabenstellung und entwickeln eigene Fragestellungen

→ Ü Seite 11

1 Suche dir ein anderes Kind. Legt Plusaufgaben mit Hunderterzahlen.

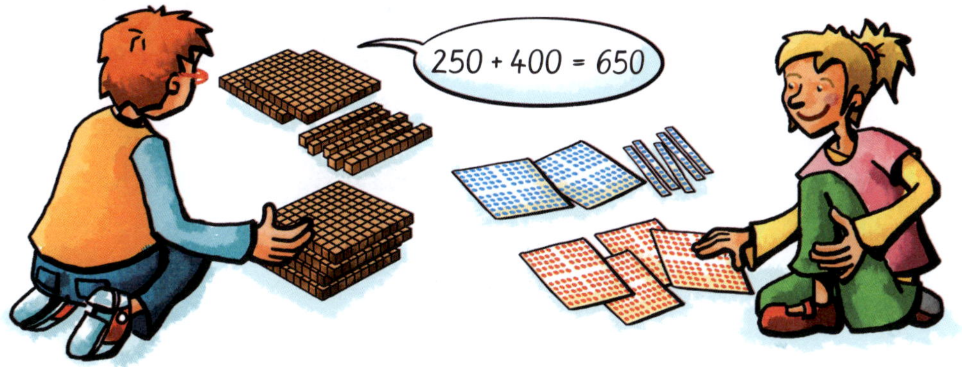

2 Schreibe zu den Bildern Plusaufgaben in dein Heft.

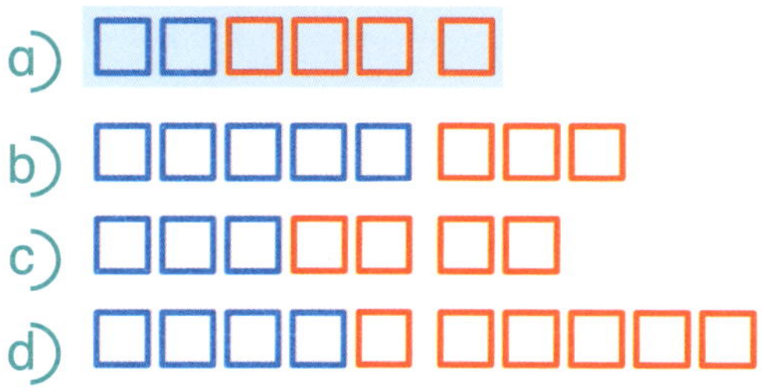

Seite 7 Aufgabe 2
a) 200 + 400 = 600 b) ...

3 Berechne und schreibe in dein Heft. Du kannst als Hilfe die Aufgaben legen oder zeichnen.

a)	b)
500 + 500 = ■	600 + ■ = 900
200 + 500 = ■	300 + ■ = 800
400 + 300 = ■	■ + 200 = 800
100 + 400 = ■	■ + 400 = 600

Seite 7 Aufgabe 3
a) 500 + 500 = 1000 b) ...
⋮

4 Schreibe zu den Bildern Plusaufgaben in dein Heft.

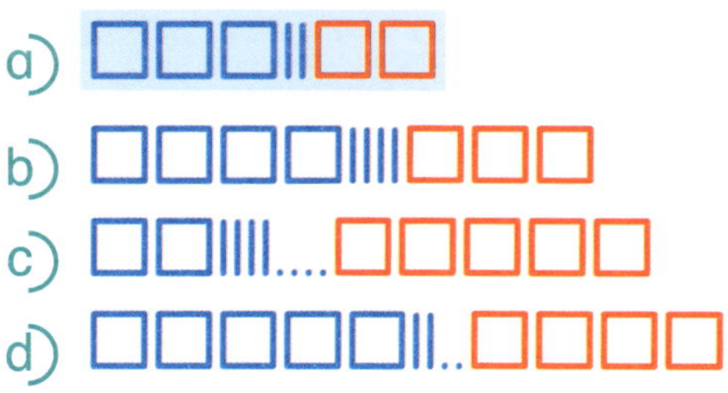

Seite 7 Aufgabe 4
a) 320 + 200 = 520 b) ...

5 Berechne und schreibe in dein Heft. Du kannst als Hilfe die Aufgaben legen oder zeichnen.

a)	b)
210 + 300 = ■	421 + 300 = ■
160 + 600 = ■	212 + 400 = ■
630 + 300 = ■	543 + 200 = ■
310 + 400 = ■	491 + 500 = ■

c) Überlege dir selbst jeweils zwei passende Aufgaben zu a) und b).

Seite 7 Aufgabe 5
a) □ □ | □ □ □ b) ...
210 + 300 = 510
⋮

⋆ nutzen planvoll und systematisch die Struktur des Zehnersystems und begründen Beziehungen zwischen verschiedenen Zahldarstellungen
⋆ übertragen eine Darstellung in eine andere

1 Suche dir ein anderes Kind. Legt Minusaufgaben mit Hunderterzahlen.

2 Schreibe zu den Bildern Minusaufgaben in dein Heft.

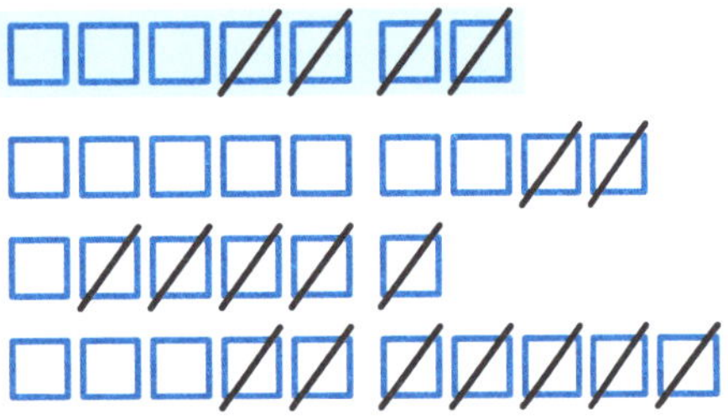

Seite 8 Aufgabe 2
a) 700 - 400 = 300   b) …

3 Berechne und schreibe in dein Heft. Du kannst als Hilfe die Aufgaben legen oder zeichnen.

a)	b)
800 – 300 = ☐	900 – ☐ = 700
700 – 400 = ☐	800 – ☐ = 200
600 – 200 = ☐	☐ – 200 = 500
400 – 400 = ☐	☐ – 500 = 400

Seite 8 Aufgabe 3
a) 800 - 300 = 500   b) …
⋮

4 Schreibe zu den Bildern Minusaufgaben in dein Heft.

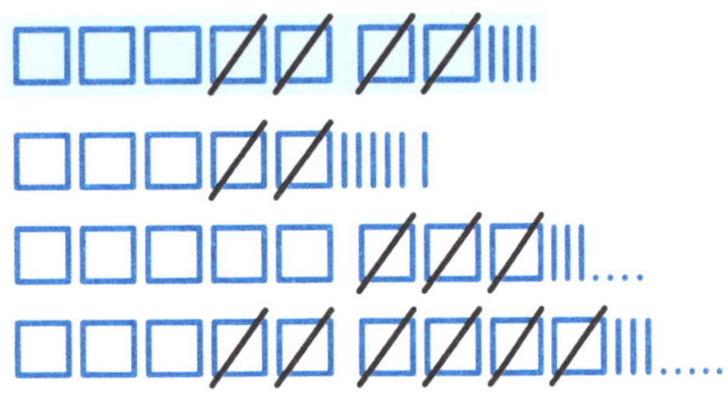

Seite 8 Aufgabe 4
a) 740 - 400 = 340   b) …

5 Berechne und schreibe in dein Heft. Du kannst als Hilfe die Aufgaben legen oder zeichnen.

a)	b)
430 – 200 = ☐	563 – 300 = ☐
870 – 500 = ☐	642 – 400 = ☐
910 – 400 = ☐	885 – 600 = ☐
780 – 300 = ☐	431 – 200 = ☐

Seite 8 Aufgabe 5
a) □ □ ⧄ ⧄ ||| b) …
430 - 200 = 230
⋮

c) Überlege dir selbst jeweils zwei passende Aufgaben zu a) und b).

★ nutzen planvoll und systematisch die Struktur des Zehnersystems und begründen Beziehungen zwischen verschiedenen Zahldarstellungen
★ übertragen eine Darstellung in eine andere

Plus- und Minusaufgaben mit Hundertern üben

1 Löse die Plusaufgaben. Schreibe die Ergebnisse in dein Heft.

a) 350 + 300 = ▢
780 + 200 = ▢
290 + 600 = ▢
470 + 400 = ▢

b) 562 + 400 = ▢
473 + 300 = ▢
291 + 500 = ▢
694 + 100 = ▢

Seite 9 Aufgabe 1
a) 650, … b) …

c) Überlege dir selbst jeweils zwei passende Aufgaben zu a) und b).

2 Löse die Minusaufgaben. Schreibe die Ergebnisse in dein Heft.

a) 470 − 200 = ▢
530 − 400 = ▢
720 − 300 = ▢
840 − 600 = ▢

b) 516 − 300 = ▢
664 − 400 = ▢
941 − 600 = ▢
432 − 200 = ▢

Seite 9 Aufgabe 2
a) 270, … b) …

c) Überlege dir selbst jeweils zwei passende Aufgaben zu a) und b).

3 Löse die Aufgaben.

a) 450 + ▢ = 750
340 + ▢ = 940
570 + ▢ = 870

b) 325 + ▢ = 725
478 + ▢ = 978
692 + ▢ = 892

Seite 9 Aufgabe 3
a) 450 + 300 = 750 b) …
⋮

4 Löse die Aufgaben.

a) 570 − ▢ = 370
940 − ▢ = 440
790 − ▢ = 290

b) 324 − ▢ = 124
632 − ▢ = 232
914 − ▢ = 214

Seite 9 Aufgabe 4
a) 570 − 200 = 370 b) …
⋮

5 Finde die vier Aufgaben mit falschen Ergebnissen. Schreibe sie mit dem richtigen Ergebnis auf.

a) 560 + 200 = 760
340 + 300 = 370
290 + 500 = 790
460 + 400 = 500

b) 560 − 300 = 530
720 − 500 = 220
430 − 200 = 230
970 − 700 = 900

Seite 9 Aufgabe 5
340 + 300 = 640 …

c) Besprich mit einem anderen Kind, was falsch gemacht wurde. Du findest bei a) und b) jeweils gleiche Fehler.

6 + 4 − 3 3 + 4 − 5 + 4 3 + 6 − 4 + 3 − 5

6 7 3

→ AH Seite 15

⋆ lösen Plus- und Minusaufgaben mit Hundertern
⋆ überprüfen Ergebnisse, finden, korrigieren und erklären Rechenfehler

Den eigenen Weg finden

1. Löse die beiden Aufgaben 235 + 320 und 357 − 230?
   Probiere mindestens drei verschiedene Hilfsmittel aus, die du bei den Kindern siehst.

2. Entscheide, mit welchen Hilfsmitteln du die Aufgabe am besten lösen kannst.
   Vergleiche mit einem anderen Kind.

⋆ lösen Plus- und Minusaufgaben im Zahlenraum bis 1 000
⋆ vergleichen und bewerten verschiedene Lösungswege und Hilfsmittel sowie deren Darstellung

1 Suche dir ein anderes Kind. Legt Plusaufgaben mit Hundertern und Zehnern.

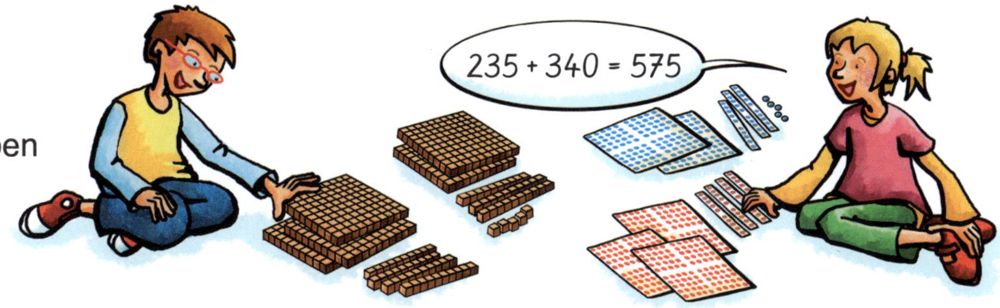

2 Schreibe zu jedem Bild zwei Plusaufgaben mit den Rechenschritten in dein Heft. Löse sie.

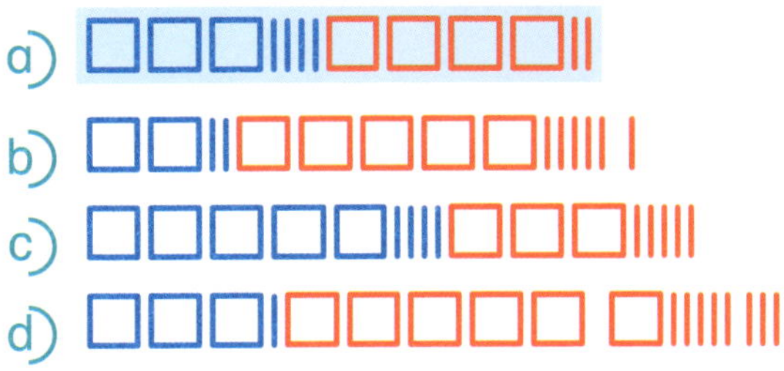

Seite 11 Aufgabe 2
a) 340 + 400 + 20 = 760
340 + 20 + 400 = 760
b) ...

3 Schreibe deine Rechenschritte auf. Löse die Plusaufgaben. Du kannst als Hilfe die Aufgaben legen oder zeichnen.

a) 340 + 220 = ▢
310 + 470 = ▢
620 + 240 = ▢

b) 720 + 250 = ▢
540 + 340 = ▢
810 + 180 = ▢

c) Überlege dir selbst jeweils zwei passende Aufgaben zu a) und b).

Seite 11 Aufgabe 3
a) □ □ □ IIII □ □ II b) ...
340 + ...
⋮

4 Schreibe zu jedem Bild zwei Plusaufgaben mit den Rechenschritten in dein Heft. Löse sie.

Seite 11 Aufgabe 4
a) 432 + 300 + 40 = 772
432 + 40 + 300 = 772
b) ...

5 Schreibe deine Rechenschritte auf. Löse die Plusaufgaben. Du kannst als Hilfe die Aufgaben legen oder zeichnen.

a) 367 + 210 = ▢
578 + 320 = ▢
618 + 270 = ▢
235 + 650 = ▢

b) 156 + 640 = ▢
328 + 450 = ▢
137 + 340 = ▢
633 + 250 = ▢

Seite 11 Aufgabe 5
a) 367 + ... b) ...
⋮

→ AH Seite 16

* nutzen planvoll und systematisch die Struktur des Zehnersystems und begründen Beziehungen zwischen verschiedenen Zahldarstellungen
* übertragen eine Darstellung in eine andere

Plusaufgaben mithilfe verwandter Aufgaben lösen

1 Löse die Aufgaben. Schreibe das Ergebnis auf.

a) 8 + 9 = ▢
7 + 6 = ▢
9 + 5 = ▢
6 + 8 = ▢
5 + 7 = ▢
8 + 4 = ▢

b) 50 + 70 = ▢
80 + 60 = ▢
40 + 90 = ▢
60 + 60 = ▢
90 + 80 = ▢
70 + 50 = ▢

Das kannst du schon.

Seite 12 Aufgabe 1
a) 17, … b) …

2 Bilde Reihen mit verwandten Aufgaben. Schreibe sie in dein Heft.

a) 7 + 4 = ▢
70 + 40 = ▢
170 + 40 = ▢
⋮

b) 8 + 5 = ▢
80 + 50 = ▢
180 + 50 = ▢
⋮

Seite 12 Aufgabe 2
a) 7 + 4 = 11 b) …
70 + 40 = 110
⋮

3 Löse verwandte Aufgaben.

a) 40 + 80 = ▢
340 + 80 = ▢
345 + 80 = ▢

b) 50 + 90 = ▢
650 + 90 = ▢
658 + 90 = ▢

c) 70 + 50 = ▢
470 + 50 = ▢
473 + 50 = ▢

d) 60 + 70 = ▢
760 + 70 = ▢
767 + 70 = ▢

Seite 12 Aufgabe 3
a) 40 + 80 = 120 b) …
340 + 80 = 420
345 + 80 = 425

4 Ole und Mai-Lin bilden die verwandten Aufgaben auf verschiedene Weise. Besprich mit einem anderen Kind, wie Ole und Mai-Lin vorgegangen sind.

477 + 80 = ▢

5 Finde und löse zuerst zwei einfache Aufgaben.
Entscheide, ob du den Weg von Mai-Lin oder von Ole wählst.

a) 567 + 70 = ▢ b) 873 + 50 = ▢
c) 354 + 80 = ▢ d) 238 + 90 = ▢
e) 685 + 60 = ▢ f) 491 + 40 = ▢

Seite 12 Aufgabe 5
a) 60 + 70 = 130 b) …
⋮

8 − 6 + 5 | 6 − 4 + 6 − 3 | 7 − 5 + 2 − 3 + 8 | 9 7 5

* übertragen ihre Kenntnisse des Einspluseins bis 100 auf den Zahlenraum bis 1000
* nutzen und vergleichen unterschiedliche Rechenwege

→ AH Seite 17
→ Ü Seiten 12 und 13

Plusaufgaben am Rechenstrich in zwei Schritten lösen

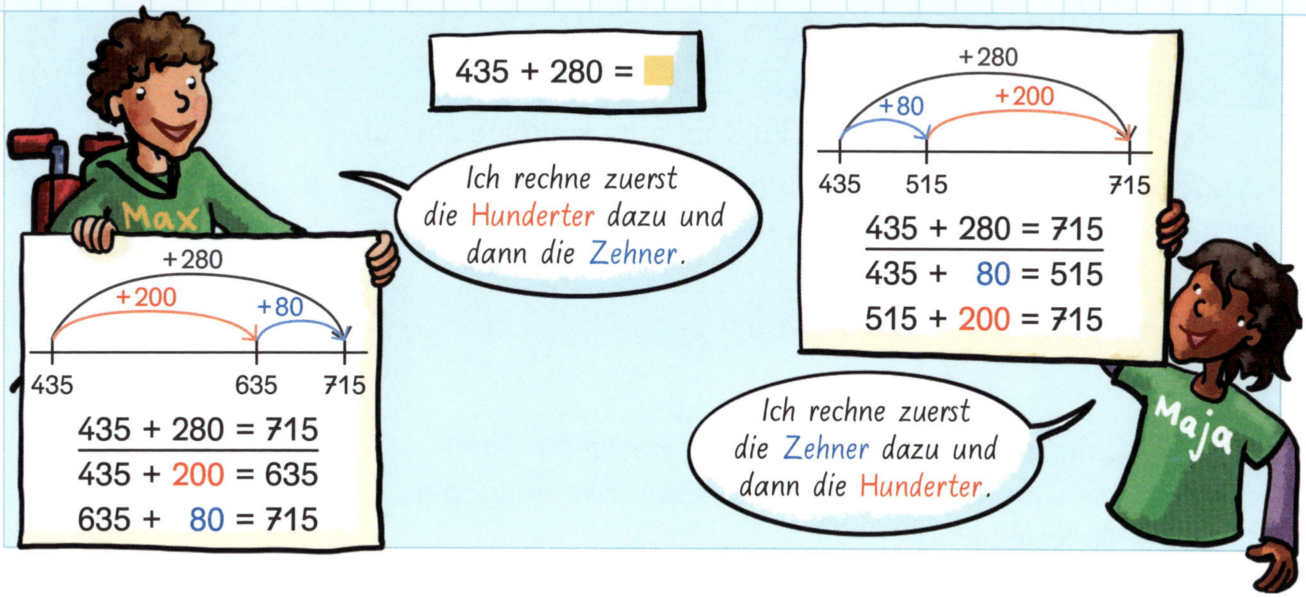

1 Überlege, ob du die Aufgabe 435 + 280 wie Max oder wie Maja rechnen würdest.

2 Lies die Aufgaben am Rechenstrich ab. Schreibe die Rechenschritte auf.

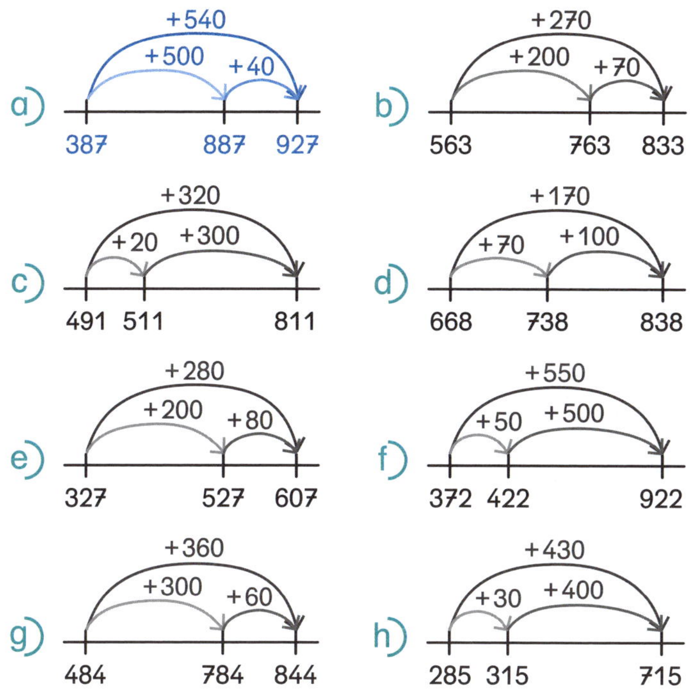

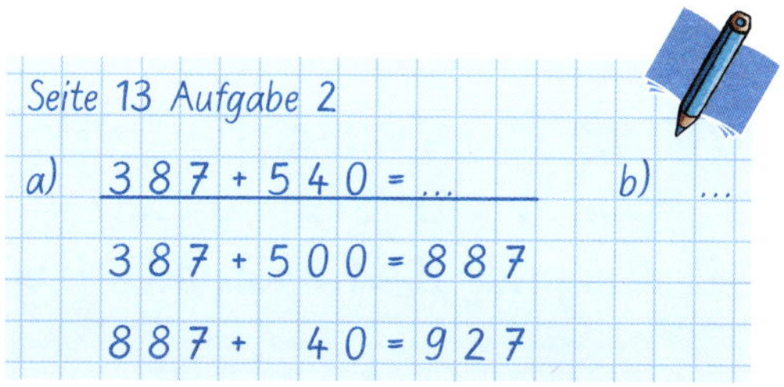

3 Rechne mit deinem Rechenweg. Zeichne oder schreibe ihn auf.

a) 652 + 280 = ▢
b) 351 + 490 = ▢
c) 276 + 360 = ▢
d) 567 + 250 = ▢
e) 186 + 470 = ▢
f) 351 + 570 = ▢
g) Notiere deinen Rechenweg im Lerntagebuch.

→ Ü Seite 14

★ stellen ihre Rechenwege nachvollziehbar dar und erläutern sie anderen
★ übertragen eine Darstellung in eine andere

Den eigenen Rechenweg anwenden

1 Rechne mit deinem Rechenweg.
Rechne deine Rechenschritte im Kopf oder schreibe sie auf.

a)	b)
463 + 170 =	775 + 190 =
546 + 180 =	472 + 480 =
351 + 360 =	289 + 650 =
137 + 690 =	268 + 260 =

Seite 14 Aufgabe 1
a) ...

2 Löse zunächst nur die erste Aufgabe. Bestimme, ohne zu rechnen, die Ergebnisse der nächsten zwei Aufgaben. Setze die Reihen fort.

a)	b)
467 + 280 =	334 + 280 =
477 + 270 =	354 + 260 =
487 + 260 =	374 + 240 =
⋮	⋮

c)	d)
583 + 350 =	792 + 180 =
483 + 450 =	682 + 290 =
383 + 550 =	572 + 400 =
⋮	⋮

Seite 14 Aufgabe 2
a) 467 + 280 = 747 b) ...
477 + 270 = ...
487 + 260 = ...
⋮

e) Begründe, warum du die Reihen, ohne zu rechnen, fortsetzen konntest.
Besprich die Erklärung mit einem anderen Kind.

3

Berechne die Kaufpreise.

a) Familie Bauer kauft einen Tisch und vier Stühle.

b) Lisa bekommt ein Bett und einen Schrank.

c) Herr Maier kauft zwei Sessel und einen Tisch.

d) Finde selbst weitere Beispiele.
Schreibe sie in dein Heft und rechne.

Seite 14 Aufgabe 3
a) 299 € + 170 € + ... b) ...

* entwickeln vorteilhafte Lösungsstrategien
* erklären, vergleichen und bewerten Rechenwege und begründen ihre Ergebnisse
* beschreiben arithmetische Muster und deren Gesetzmäßigkeit

→ AH Seite 18

Minusaufgaben mit Hundertern und Zehnern legen, zeichnen und lösen

1 Suche dir ein anderes Kind. Legt Minusaufgaben mit Hundertern und Zehnern.

2 Schreibe zu jedem Bild zwei Minusaufgaben mit den Rechenschritten in dein Heft. Löse sie.

a) 

b) 

c) 

d) 

Seite 15 Aufgabe 2

a) 690 - 300 - 50 = 340

690 - 50 - 300 = 340

b) ...

3 Schreibe deine Rechenschritte auf. Löse die Minusaufgaben. Du kannst als Hilfe die Aufgaben legen oder zeichnen.

a) 570 – 340 = ▢
380 – 270 = ▢
640 – 320 = ▢

b) 960 – 550 = ▢
770 – 430 = ▢
480 – 360 = ▢

c) Überlege dir selbst jeweils zwei passende Aufgaben zu a) und b).

Seite 15 Aufgabe 3

a) □ □ ⧄ ⧄ ⧄ ||||| ||

570 - 340 = 230

⋮

b) ...

4 Schreibe zu jedem Bild zwei Minusaufgaben mit den Rechenschritten in dein Heft. Löse sie.

a) 

b) 

c) 

d) 

Seite 15 Aufgabe 4

a) 673 - 300 - 20 = 353

673 - 20 - 300 = 353

b) ...

5 Schreibe deine Rechenschritte auf. Löse die Minusaufgaben. Du kannst als Hilfe die Aufgaben legen oder zeichnen.

a) 765 – 340 = ▢
592 – 260 = ▢
854 – 440 = ▢
639 – 530 = ▢

b) 488 – 360 = ▢
973 – 750 = ▢
345 – 220 = ▢
278 – 160 = ▢

Seite 15 Aufgabe 5

a) 765 - 340 = 425

⋮

b) ...

→ AH Seite 19

* nutzen planvoll und systematisch die Struktur des Zehnersystems und begründen Beziehungen zwischen verschiedenen Zahldarstellungen
* übertragen eine Darstellung in eine andere

1 Löse die Aufgaben. Schreibe das Ergebnis auf.

a)
13 − 8 = ▢
11 − 5 = ▢
14 − 9 = ▢
13 − 6 = ▢
15 − 7 = ▢
12 − 4 = ▢

b)
120 − 50 = ▢
150 − 80 = ▢
110 − 30 = ▢
140 − 90 = ▢
160 − 70 = ▢
130 − 60 = ▢

Seite 16 Aufgabe 1
a) …

2 Bilde Reihen mit verwandten Aufgaben. Schreibe sie in dein Heft.

a)
14 − 5 = ▢
140 − 50 = ▢
240 − 50 = ▢
⋮

b)
13 − 6 = ▢
130 − 60 = ▢
230 − 60 = ▢
⋮

Seite 16 Aufgabe 2
a) 14 − 5 = 9 b) …
140 − 50 = 90
⋮

3 Löse verwandte Aufgaben.

a)
120 − 40 = ▢
420 − 40 = ▢
427 − 40 = ▢

b)
130 − 60 = ▢
530 − 60 = ▢
539 − 60 = ▢

c)
160 − 90 = ▢
760 − 90 = ▢
762 − 90 = ▢

d)
150 − 70 = ▢
650 − 70 = ▢
654 − 70 = ▢

Seite 16 Aufgabe 3
a) 120 − 40 = 80 b) …
420 − 40 = 380
427 − 40 = 387

4 Ole und Lisa bilden die verwandten Aufgaben auf verschiedene Weise. Besprich mit einem anderen Kind, wie Ole und Lisa vorgegangen sind.

140 − 80 = ▢
144 − 80 = ▢
744 − 80 = ▢

744 − 80 = ▢

140 − 80 = ▢
740 − 80 = ▢
744 − 80 = ▢

5 Finde und löse zuerst zwei einfache Aufgaben.
Entscheide, ob du den Weg von Ole oder von Lisa wählst.

a) 678 − 90 = ▢
b) 922 − 50 = ▢
c) 435 − 80 = ▢
d) 348 − 60 = ▢
e) 819 − 40 = ▢
f) 634 − 70 = ▢

Seite 16 Aufgabe 5
a) 170 − 90 = 80 b) …
⋮

9 − 5 + 8

5 + 2 − 3 + 9

8 − 6 + 7 − 3 + 5

13 12 11

* übertragen ihre Kenntnisse des Einspluseins bis 100 auf den Zahlenraum bis 1000
* nutzen und vergleichen unterschiedliche Rechenwege

→ AH Seite 20
→ Ü Seiten 15 und 16

Minusaufgaben am Rechenstrich in zwei Schritten lösen

1 Überlege, ob du die Aufgabe 623 – 240 wie Mai-Lin oder wie Paul rechnen würdest.

2 Lies die Aufgaben am Rechenstrich ab. Schreibe die Rechenschritte auf.

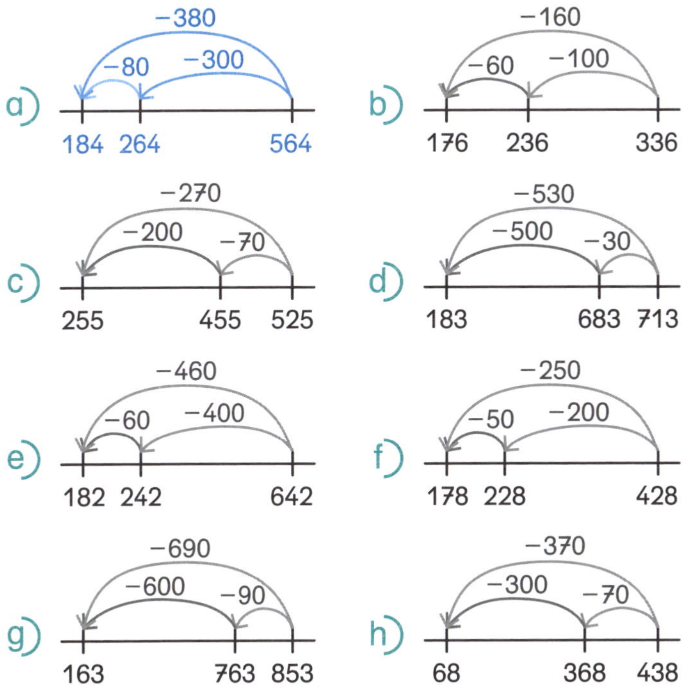

Seite 17 Aufgabe 2

a) 564 − 380 = ... b) ...

564 − 300 = 264

264 − 80 = 184

3 Rechne mit deinem Rechenweg. Zeichne oder schreibe ihn auf.

a) 652 – 290 = ▇ b) 731 – 470 = ▇

c) 826 – 360 = ▇ d) 512 – 250 = ▇

e) 948 – 580 = ▇ f) 649 – 580 = ▇

g) Notiere deinen Rechenweg im Lerntagebuch.

Seite 17 Aufgabe 3

a) ...

→ Ü Seite 17

⋆ stellen ihre Rechenwege nachvollziehbar dar und erläutern sie anderen
⋆ übertragen eine Darstellung in eine andere

Den eigenen Rechenweg anwenden

1 Rechne mit deinem Rechenweg.
Rechne deine Rechenschritte im Kopf oder schreibe sie auf.

a)
534 – 270 = ■
765 – 390 = ■
451 – 260 = ■
656 – 470 = ■

b)
968 – 390 = ■
842 – 560 = ■
929 – 540 = ■
333 – 160 = ■

Seite 18 Aufgabe 1
a) …

2 Löse zunächst nur die erste Aufgabe. Bestimme, ohne zu rechnen, die Ergebnisse der nächsten zwei Aufgaben. Setze die Reihen fort.

a)
773 – 280 = ■
763 – 270 = ■
753 – 260 = ■
⋮

b)
864 – 670 = ■
844 – 650 = ■
824 – 630 = ■
⋮

c)
935 – 650 = ■
835 – 550 = ■
735 – 450 = ■
⋮

d)
672 – 490 = ■
562 – 380 = ■
452 – 270 = ■
⋮

Seite 18 Aufgabe 2
a) 773 – 280 = 493 b) …
763 – 270 = …
753 – 260 = …
⋮

e) Begründe, warum du die Reihen, ohne zu rechnen, fortsetzen konntest.
Besprich die Erklärung mit einem anderen Kind.

3

a) Familie Bauer kauft eine Waschmaschine für 636 Euro. Der Händler gibt ihr für ihre alte Waschmaschine 80 Euro.
Wie viel muss Familie Bauer noch bezahlen?

b) Herr Witzig möchte für seinen alten Herd 50 Euro haben. Er hat einen neuen Herd ausgesucht, der 545 Euro kostet.
Was müsste er dem Händler noch bezahlen?

c) Suche selbst weitere Beispiele und berechne.
Du kannst in Prospekten oder Katalogen Preise für Elektrogeräte finden.

Seite 18 Aufgabe 3
a) 636 € – 80 € = …
Familie Bauer muss noch … € bezahlen.
b) …

* entwickeln vorteilhafte Lösungsstrategien
* erklären, vergleichen und bewerten Rechenwege und begründen ihre Ergebnisse
* beschreiben arithmetische Muster und deren Gesetzmäßigkeit

→ AH Seite 21

Wege berechnen

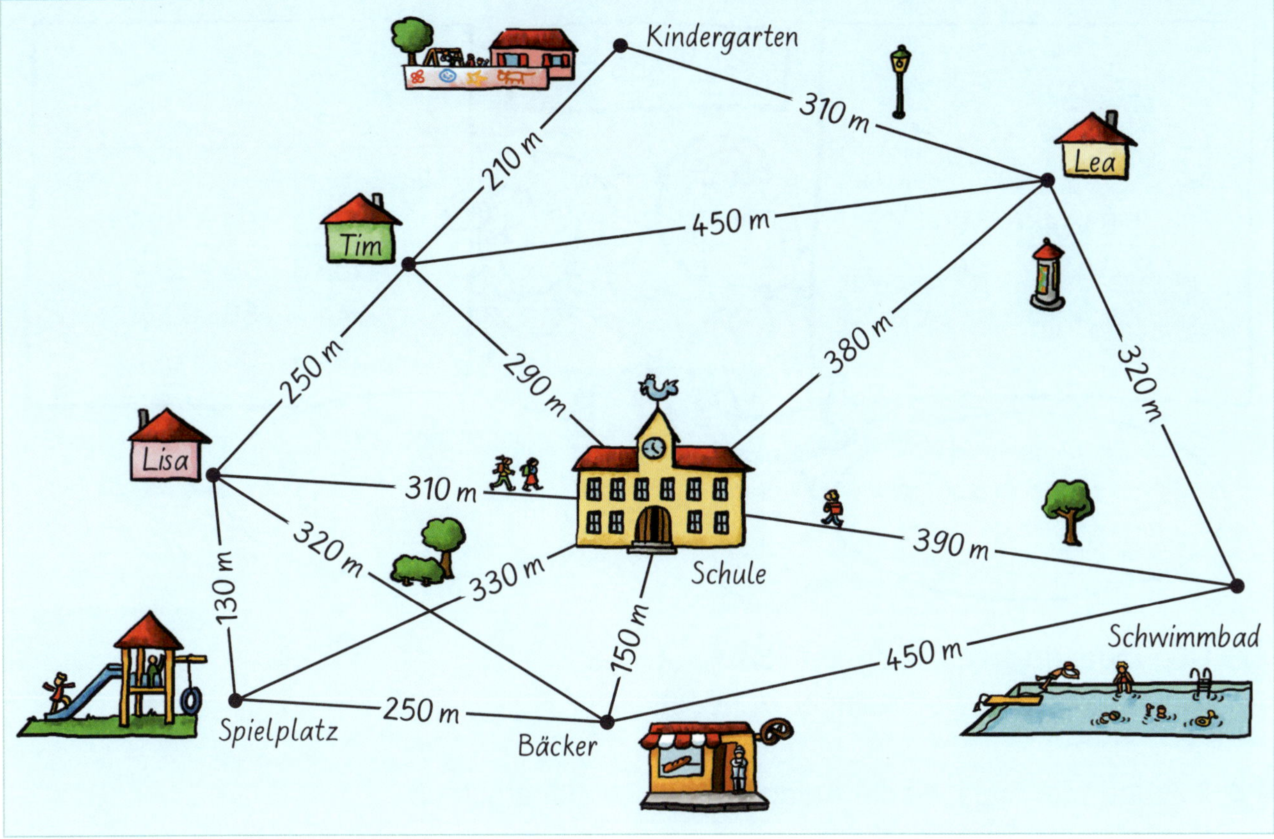

1 Schaue dir mit einem Partner den Plan an. Beschreibt, was darauf dargestellt ist.

a) Welches Kind hat den kürzesten, welches den längsten Schulweg?
Wie groß ist der Unterschied zwischen beiden Wegen?

b) Wie lang sind die Schulwege der Kinder (Hin- und Rückweg)?

c) Tim geht mit Lisa auf den Spielplatz und wieder zurück.
Wie lang sind die Wege für jedes Kind?

d) Tim begleitet Lea von der Schule nach Hause und holt dann seinen Bruder im Kindergarten ab. Wie lang ist dann sein Weg von der Schule nach Hause?
Um wie viel länger ist dieser Weg als sein üblicher Schulweg?

e) Die Kinder haben in der letzten Stunde Schwimmunterricht.
Sie gehen direkt vom Schwimmbad aus nach Hause.
Wie lang ist für jedes Kind der kürzeste Weg nach Hause?

2 Sucht selbst weitere Fragen, die ihr euch zunächst gegenseitig stellt.
Beantwortet sie gemeinsam.

3 Schreibe gemeinsam mit einem anderen Kind einige Fragen auf ein Blatt Papier.
Stellt diese anderen Kindern in der Klasse zur Verfügung.
Beantwortet einige der Fragen, die sich andere Kinder ausgedacht haben.

* nutzen Skizzen und Lagepläne zur Orientierung im Raum
* finden mathematische Lösungen zu Sachsituationen
* entnehmen einem Lageplan relevante Informationen und formulieren dazu mathematische Fragestellungen

Plusaufgaben in drei Schritten lösen

1. Überlege, ob du die Aufgabe 238 + 456 wie Tim oder wie Lea rechnen würdest.

2. Rechne wie Tim. Lies die Aufgaben am Rechenstrich ab. Schreibe die Rechenschritte auf.

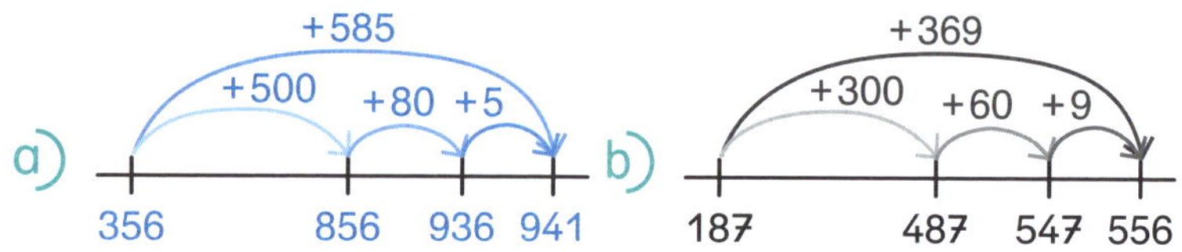

Seite 20 Aufgabe 2

a) 356 + 585 = ... b) ...

356 + 500 = 856

856 + 80 = 936

936 + 5 = 941

3. Rechne wie Lea. Lies die Aufgaben am Rechenstrich ab. Schreibe die Rechenschritte auf.

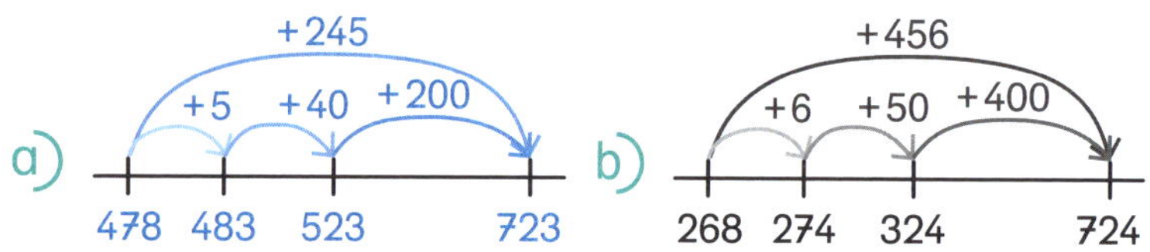

Seite 20 Aufgabe 3

a) 478 + 245 = ... b) ...

478 + 5 = 483

483 + 40 = 523

523 + 200 = 723

4. Stelle deine Rechenschritte am Rechenstrich dar. Schreibe die Rechenschritte auf.

a) 425 + 268 =

b) 363 + 229 =

c) 254 + 376 =

d) 547 + 358 =

Seite 20 Aufgabe 4

a) ... 425 + 268 = ...

425 ...

b) ...

* lösen Additionsaufgaben im Zahlenraum bis 1000
* nutzen, erklären und vergleichen Rechenstrategien
* übertragen die am Rechenstrich dargestellte Schrittfolge in nacheinander ausgeführte Additonsaufgaben und umgekehrt

Rechenschritte auf verschiedene Art darstellen

1. Löse die Aufgabe 445 + 236.
Zeichne oder schreibe deine Rechenschritte
wie Janek, Lisa und Patrick.

Seite 21 Aufgabe 1
...

2. Überlege, mit welcher Darstellung der Rechenschritte
du am besten rechnen kannst.

3. Rechne mit deinem Rechenweg.
Stelle die Rechenschritte auf deine Weise dar.

a) 326 + 263 = ▢
152 + 626 = ▢
643 + 248 = ▢
456 + 225 = ▢

b) 455 + 281 = ▢
574 + 355 = ▢
553 + 289 = ▢
386 + 437 = ▢

Seite 21 Aufgabe 3
a) ...

c) Notiere deinen Rechenweg im Lerntagebuch.

→ AH Seite 22

* stellen Rechenschritte auf verschiedene Weise dar
* reflektieren und begründen ihre individuell bevorzugte Notationsform

1 Rechne mit deinem Rechenweg.
Notiere deine Rechenschritte.

a) 563 + 354 = ■
384 + 425 = ■
195 + 561 = ■
276 + 452 = ■

b) 394 + 423 = ■
468 + 271 = ■
275 + 562 = ■
194 + 632 = ■

c) 584 + 237 = ■
376 + 465 = ■
453 + 389 = ■
657 + 163 = ■

Seite 22 Aufgabe 1
a) ...

2 Löse die Aufgaben.
Setze die Zeichen <, > oder = passend ein.

a) 274 + 341 ● 614
382 + 523 ● 805
173 + 152 ● 325
452 + 486 ● 983

b) 363 + 186 ● 549
535 + 381 ● 915
756 + 163 ● 929
182 + 584 ● 677

Seite 22 Aufgabe 2
a) 274 + 341 > 614 b) ...
⋮

3 Löse die Aufgaben. Trage passende Zahlen ein.

a) 582 + 126 > ■
663 + 274 = ■
471 + 357 < ■
326 + 491 > ■

b) 256 + 492 < ■
642 + 285 > ■
373 + 536 = ■
484 + 173 < ■

Seite 22 Aufgabe 3
a) 582 + 126 > 642 b) ...
⋮

4 Trage passende Zahlen ein.
Finde verschiedene Möglichkeiten.

a) ■ + ■ < ■

b) ■ + ■ > ■

Seite 22 Aufgabe 4
a) ...

5 Bestimme bei den Ergebnissen von Aufgabe 3 die größte und die kleinste mögliche Lösung im Zahlenraum bis 1 000. Beachte, dass auch 0 ein Ergebnis sein kann. Besprich deine Überlegungen mit einem anderen Kind.

Seite 22 Aufgabe 5
a) 0, 707 b) ...
⋮ ⋮

9 + 5 − 7 | 13 − 4 + 6 − 9 | 7 + 5 − 8 + 7 − 3 | 6 | 7 | 8

* nutzen den individuell vorteilhaften Rechenweg beim Lösen von Aufgaben
* wenden ihre mathematischen Kenntnisse, Fähigkeiten und Fertigkeiten bei der Bearbeitung herausfordernder und unbekannter Aufgaben an und entwickeln dabei Lösungsstrategien

→ Ü Seite 18

Minusaufgaben in drei Schritten lösen

1 Überlege, ob du die Aufgabe 324 − 216 wie Tim oder wie Lea rechnen würdest.

2 Rechne wie Tim. Lies die Aufgaben am Rechenstrich ab. Schreibe die Rechenschritte auf.

a) 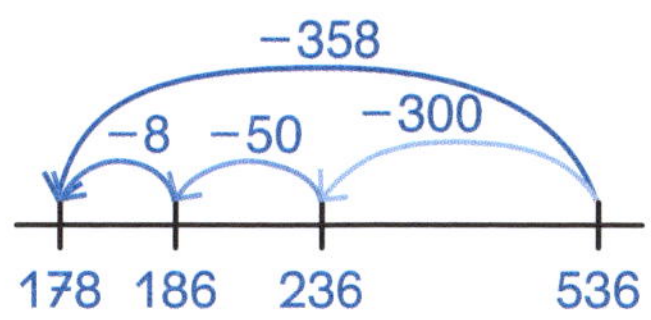

b) 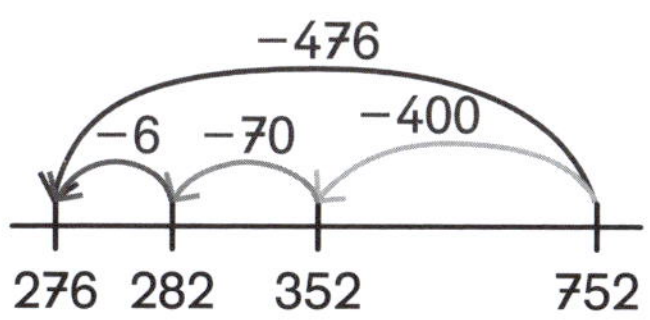

Seite 23 Aufgabe 2

a) 536 − 358 = ...   b) ...

536 − 300 = 236

236 − 50 = 186

186 − 8 = 178

3 Rechne wie Lea. Lies die Aufgaben am Rechenstrich ab. Schreibe die Rechenschritte auf.

a) 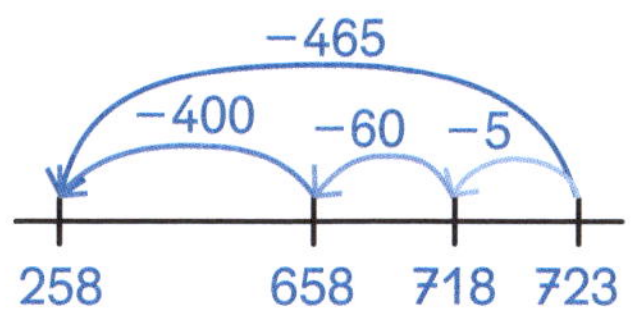

b) 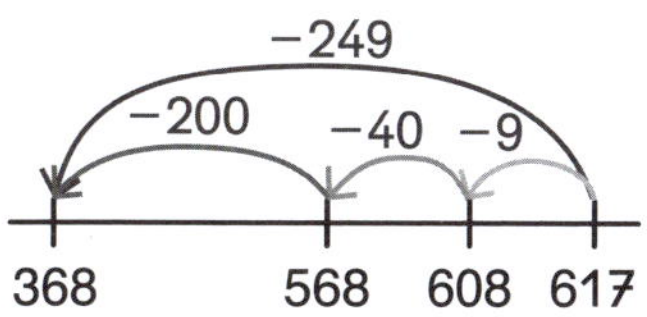

Seite 23 Aufgabe 3

a) 723 − 465 = ...   b) ...

723 − 5 = 718

718 − 60 = 658

658 − 400 = 258

4 Stelle deine Rechenschritte am Rechenstrich dar. Schreibe die Rechenschritte auf.

a) 568 − 325 = ▢   b) 798 − 353 = ▢

c) 682 − 245 = ▢   d) 832 − 456 = ▢

Seite 23 Aufgabe 4

a) ... 568   568 − 325 = ...

...

b) ...

Rechenschritte auf verschiedene Art darstellen

1 Löse die Aufgabe 843 − 625.
Zeichne oder schreibe deine Rechenschritte
wie Janek, Meral und Patrick.

Seite 24 Aufgabe 1
...

2 Überlege, mit welcher Darstellung der Rechenschritte
du am besten rechnen kannst.

3 Rechne mit deinem Rechenweg.
Stelle die Rechenschritte auf deine Weise dar.

a)	b)
786 − 263 = ■	728 − 483 = ■
847 − 525 = ■	476 − 381 = ■
531 − 122 = ■	684 − 595 = ■
774 − 356 = ■	843 − 367 = ■

c) Notiere deinen Rechenweg im Lerntagebuch.

Seite 24 Aufgabe 3
a) ...

* stellen Rechenschritte auf verschiedene Weise dar
* reflektieren und begründen ihre individuell bevorzugte Notationsform

→ AH Seite 23

Den eigenen Rechenweg anwenden

1 Rechne mit deinem Rechenweg.
Notiere deine Rechenschritte.

a) 658 − 264 = ▢
317 − 182 = ▢
865 − 673 = ▢
784 − 391 = ▢

b) 769 − 574 = ▢
874 − 492 = ▢
651 − 271 = ▢
338 − 177 = ▢

c) 964 − 195 = ▢
657 − 386 = ▢
836 − 567 = ▢
523 − 345 = ▢

Seite 25 Aufgabe 1
a) …

2 Löse die Aufgaben.
Setze die Zeichen <, > oder = passend ein.

a) 646 − 155 ● 481
753 − 281 ● 482
838 − 576 ● 262
669 − 469 ● 210

b) 917 − 586 ● 333
528 − 378 ● 150
747 − 657 ● 189
458 − 295 ● 153

Seite 25 Aufgabe 2
a) 646 − 155 > 481   b) …
⋮

3 Löse die Aufgaben. Trage passende Zahlen ein.

a) 289 − 193 > ▢
478 − 297 = ▢
875 − 485 < ▢
643 − 371 > ▢

b) 519 − 323 < ▢
876 − 482 > ▢
935 − 674 = ▢
477 − 385 < ▢

Seite 25 Aufgabe 3
a) 289 − 193 > 89   b) …
⋮

4 Trage passende Zahlen ein.
Finde verschiedene Möglichkeiten.

a) ▢ − ▢ < ▢

b) ▢ − ▢ > ▢

Seite 25 Aufgabe 4
a) …

5 Bestimme bei den Ergebnissen von Aufgabe 3 die größte und die kleinste mögliche Lösung im Zahlenraum bis 1 000. Beachte, dass auch 0 ein Ergebnis sein kann. Besprich deine Überlegungen mit einem anderen Kind.

Seite 25 Aufgabe 5
a) 0, 95   b) …
⋮   ⋮

30 + 40 − 20 | 20 + 50 − 40 + 60 | 40 + 60 − 70 + 30 − 50 | 90 | 10 | 50

* nutzen den individuell vorteilhaften Rechenweg beim Lösen von Aufgaben
* wenden ihre mathematischen Kenntnisse, Fähigkeiten und Fertigkeiten bei der Bearbeitung herausfordernder und unbekannter Aufgaben an und entwickeln dabei Lösungsstrategien

→ Ü Seite 19

Rechenvorteile anwenden – geschickt rechnen

347 + 298 = ☐
347 + 300 – 2 = 645

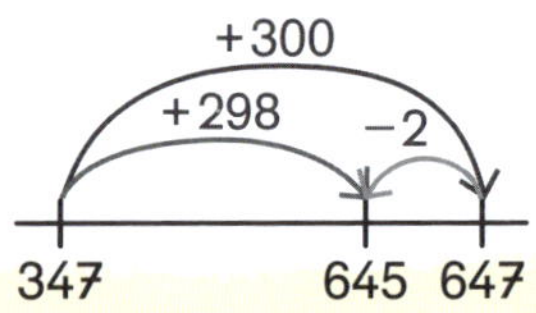

763 – 497 = ☐
763 – 500 + 3 = 266

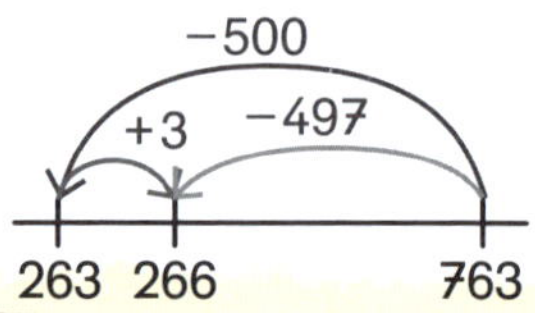

1 Besprich mit einem anderen Kind, wie Einstern rechnet.

2 Rechne wie Einstern mit Hunderterzahlen. Schreibe die Aufgaben auf.

a) 268 + 197 = ☐   b) 435 – 299 = ☐
c) 664 – 395 = ☐   d) 225 + 298 = ☐
e) 729 – 598 = ☐   f) 756 – 294 = ☐

Seite 26 Aufgabe 2
a) 268 + 200 – 3 = 465
b) 435 – 300 + … = …
c) …

3 Schreibe auf, welche Rechenvorteile die Kinder anwenden.

a) 223 + 99 = ☐   Tim rechnet: 223 + 100 = 323
323 – 1 = 322

b) 473 – 197 = ☐   Lisa rechnet: 473 – 200 = 273
273 + 3 = 276

c) 316 + 524 = ☐   Paul rechnet: 320 + 520 = 840

Seite 26 Aufgabe 3
a) + 99 ist das Gleiche wie + 100 – 1.
b) …

4 Schreibe den noch fehlenden Rechenschritt auf.

a) 246 + 298 = ☐   Rechnung: 246 + 300 = 546
b) 468 – 197 = ☐   Rechnung: 468 – 200 = 268
c) 298 + 199 = ☐   Rechnung: 300 + 200 = 500

Seite 26 Aufgabe 4
a) 546 – 2 = 544   b) …

5 Finde selbst Rechenaufgaben, bei denen Rechenvorteile das Lösen erleichtern. Stelle die Aufgaben einem anderen Kind vor und überprüfe, ob es die Rechenvorteile findet.

Seite 26 Aufgabe 5
…

* nutzen und erklären Rechenstrategien
* finden zu gegebener Problemstellung eigene Aufgaben

Mit Umkehraufgaben Ergebnisse prüfen

1 Schreibe die Aufgaben und die Umkehraufgaben auf. Rechne beide aus.

a) 630 ⇄ (+ 250 / − 250) ■
356 ⇄ (+ 270 / − 270) ■

b) 460 ⇄ (− 290 / + 290) ■
523 ⇄ (− 360 / + 360) ■

Seite 27 Aufgabe 1
a) 630 + 250 = 880 b) ...
880 − 250 = 630
⋮

2 Finde zu drei Zahlen je zwei Plusaufgaben und zwei Minusaufgaben.

a) 188, 243, 55
b) 843, 285, 558
c) 428, 814, 386

Seite 27 Aufgabe 2
a) 55 + 188 = 243 b) ...
243 − 188 = 55
188 + 55 = ...
243 − 55 = ...

3 Überprüfe die Aufgaben mit der Umkehraufgabe.
Tipp: Vier Ergebnisse sind falsch.

a) 463 + 287 = 740
b) 358 + 574 = 932
c) 853 − 374 = 379
d) 647 − 369 = 376
e) 888 − 549 = 339
f) 377 + 388 = 755

Seite 27 Aufgabe 3
a) 740 − 287 = 453 b) ...
falsch

80 − 60 + 70 | 70 − 30 + 50 − 80 | 60 − 50 + 80 − 40 + 30 | 90 | 80 | 10

⋆ nutzen Umkehraufgaben zur Ergebnisüberprüfung
⋆ wenden den Zusammenhang von Addition und Subtraktion beim Bilden eigener Aufgaben an
⋆ finden, erklären und korrigieren Rechenfehler

Zahlen runden, Ergebnisse mit der Überschlagsrechnung prüfen

Wenn man ein Ergebnis ungefähr ausrechnen oder überprüfen will, kann man mit gerundeten Zahlen rechnen.

Beim Runden auf Hunderter sucht man den nächstgelegenen Nachbarhunderter einer Zahl.
Beim Runden auf Zehner sucht man den nächstgelegenen Nachbarzehner.

1 Finde für die Zahlen den nächsten Nachbarhunderter.
Schreibe die Zahlen in dein Heft.

a) 186 ≈ ☐
243 ≈ ☐
438 ≈ ☐
573 ≈ ☐

b) 78 ≈ ☐
359 ≈ ☐
649 ≈ ☐
777 ≈ ☐

c) 859 ≈ ☐
953 ≈ ☐
444 ≈ ☐
338 ≈ ☐

Seite 28 Aufgabe 1
a) 186 ≈ 200 b) ...
⋮

2 Schreibe zu jeder Aufgabe eine Überschlagsrechnung auf.
Runde die Zahlen auf den Zehner.

a) 674 + 229
437 + 338
743 + 122

b) 553 – 478
388 – 192
824 – 546

c) 227 + 652
477 – 344
953 – 359

Seite 28 Aufgabe 2
a) 670 + 230 = 900 b) ...
⋮

3 Hier siehst du die Ergebnisse eines Wurfspiels.

	Lea	Ole	Tim	Maja
1. Wurf	280	360	240	280
2. Wurf	220	320	180	320
3. Wurf	380	220	260	180
4. Wurf	☐	☐	☐	☐

Besprich mit einem anderen Kind:

a) Wie viele Punkte haben die Kinder bisher ungefähr erreicht?
Rechnet mit gerundeten Hunderterzahlen.

b) Lea sagt nach dem Überschlagen der Punktzahlen: „Ich bin auf dem 1. Platz."
Hat sie recht?

c) Wer muss noch die meisten Punkte werfen, um 1 000 zu erreichen? Überschlagt.
Berechnet dann genau, wie viele Punkte noch fehlen.

* runden Zahlen auf Zehner und Hunderter
* begründen, ob Ergebnisse plausibel und richtig sind, indem sie Ergebnisse durch Überschlag überprüfen

1 Rechne bis zum nächsten Hunderter.

a) 520 + □ = 600
370 + □ = 400
845 + □ = 900
736 + □ = 800

b) 970 – □ = 900
780 – □ = 700
692 – □ = 600
573 – □ = 500

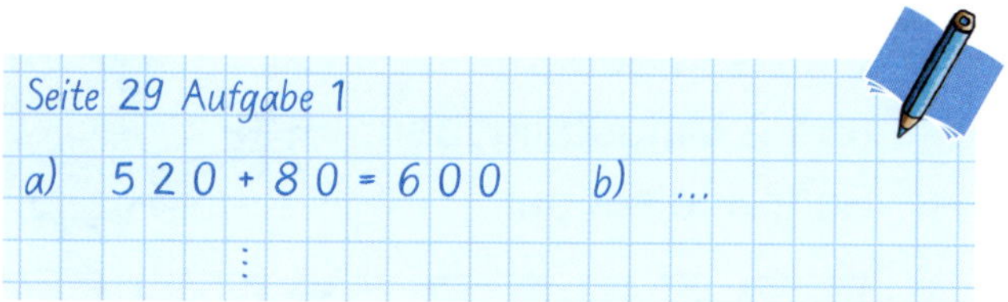

2 Rechne in Schritten. Stelle deinen Rechenweg am Rechenstrich dar.
Bei Minusaufgaben kann dir die Umkehraufgabe helfen.

a) 326 + □ = 420
457 + □ = 530
723 + □ = 940
117 + □ = 370

b) 448 – □ = 380
726 – □ = 570
531 – □ = 350
998 – □ = 760

c) Überlege dir selbst jeweils zwei passende Aufgaben zu a) und b).

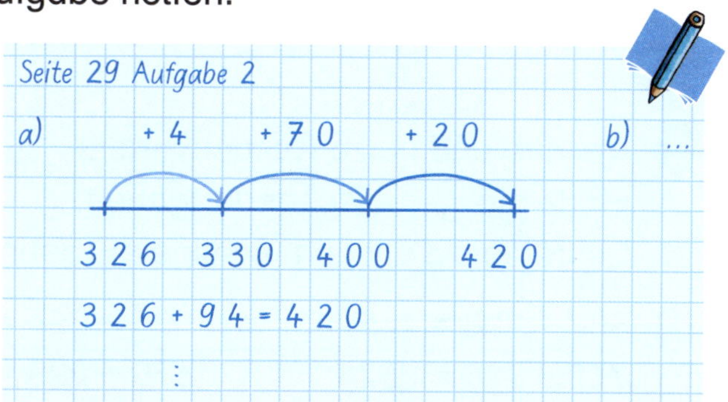

3 Berechne die fehlende Zahl.
Bei Minusaufgaben kann dir die Umkehraufgabe helfen.

a) 358 + □ = 524
489 + □ = 673
758 + □ = 916
583 + □ = 712

b) 936 – □ = 658
627 – □ = 483
521 – □ = 398
413 – □ = 307

c) Überlege dir selbst jeweils zwei passende Aufgaben zu a) und b).

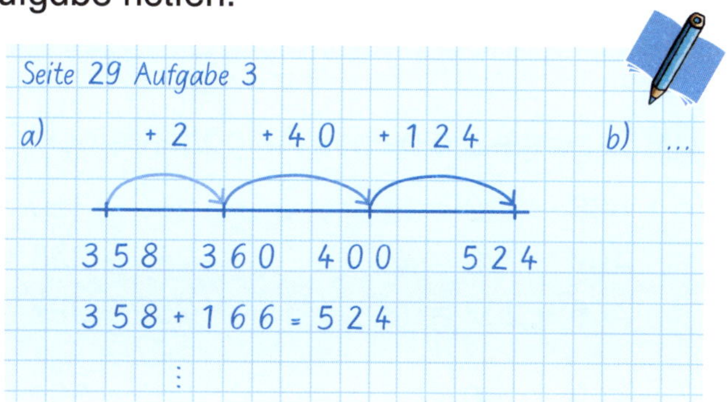

4 Schreibe zu jeder Aufgabe die Rechnung und die Antwort. Du kannst auch zeichnen.

a) Lisa hat 105 € gespart. Sie möchte ein Waveboard für 67 € kaufen. Wie viel Geld kann sie von ihren Ersparnissen noch für andere Dinge ausgeben?

b) Tim hat 185 Briefmarken gesammelt. Sein Freund Paul hat 224 Briefmarken. Wie viele Briefmarken hat Paul mehr?

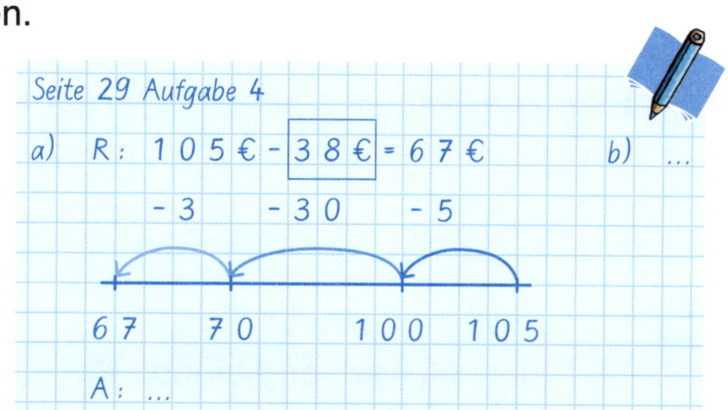

c) Im Supermarkt waren in der letzten Woche Müsliriegel ohne und mit Schokolade im Angebot. Insgesamt wurden 534 Müsliriegel verkauft. Von den Riegeln ohne Schokolade wurden 178 Stück verkauft. Wie viele Müsliriegel mit Schokolade wurden verkauft?

* übertragen ihre Kenntnisse des stellengerechten Zerlegens und schrittweisen Rechnens auf Platzhalteraufgaben
* erstellen sinnvolle und nachvollziehbare Notizen
* finden mathematische Lösungen zu Sachsituationen

Plus- und Minusaufgaben üben

1 Finde zu 3 Zahlen
2 Plusaufgaben
und 2 Minusaufgaben.
Schreibe sie auf.

a) 329 615 286
b) 457 802 345
c) 247 583 ?
d) 472 369 ?

Seite 30 Aufgabe 1

a) 329 + 286 = 615   b) ...
286 + 329 = 615
615 − 329 = 286
615 − 286 = 329

2 Rechne und nutze Rechenvorteile.
Finde die vier falschen Aufgaben.
Schreibe sie mit dem richtigen Ergebnis auf.

a)
563 − 398 = 165
758 − 296 = 362
354 − 99 = 254
429 − 298 = 131

b)
625 + 297 = 922
475 + 299 = 775
237 + 695 = 932
163 + 796 = 960

Seite 30 Aufgabe 2

a) ...

3 Ergänze die beiden Aufgabenreihen.

a)
468 − 299 = ▢
467 − 298 = ▢
466 − 297 = ▢
⋮
459 − 290 = ▢

b)
254 + 399 = ▢
255 + 398 = ▢
256 + 397 = ▢
⋮
263 + 390 = ▢

c) Erkläre einem anderen Kind,
wie du gerechnet hast.

d) Begründe, warum alle Aufgaben der Reihen
bei a) und b) die gleiche Lösung haben.

Seite 30 Aufgabe 3

a) 468 − 299 = ...   b) ...
467 − 298 = ...
466 − 297 = ...
...
⋮

4 Finde zwei Aufgabenreihen
nach dem Muster von Aufgabe 3.

Seite 30 Aufgabe 4

...

90 − 30 + 80 | 60 + 20 − 40 + 70 | 70 − 50 + 80 − 40 + 60 | 110 | 120 | 140

⋆ nutzen und erklären Rechenstrategien, finden und korrigieren Rechenfehler
⋆ beschreiben und entwickeln arithmetische Muster und erkennen deren Gesetzmäßigkeit
⋆ erkennen mathematische Zusammenhänge und begründen diese

Zahlenrätsel lösen und erfinden

1 Finde die passende Aufgabe und löse sie.

Seite 31 Aufgabe 1
Max: 410 + 270 = 680
…

2 Löse die Zahlenrätsel. Schreibe die Aufgaben in dein Heft.
Du kannst auch am Rechenstrich rechnen.

a) Meine Zahl erhältst du, wenn du von 747 die Zahl 23 subtrahierst und dann 130 addierst.

b) Meine Zahl erhältst du, wenn du 120 und 396 addierst und dann 236 subtrahierst.

c) Wenn ich zu meiner Zahl 720 addiere, erhalte ich 1 000.

d) Wenn ich von meiner Zahl 270 subtrahiere, erhalte ich 330.

Seite 31 Aufgabe 2
a) 747 − 23 = 724
724 + 130 = 854
b) …

3 Schreibe zu den Rechnungen Zahlenrätsel.
Verwende die Begriffe „addieren" und „subtrahieren".

a) $256 \xrightarrow{+131} \square \xrightarrow{+84} \square$

b) $386 \xrightarrow{-173} \square \xrightarrow{-70} \square$

c) $256 \xrightarrow{-237} \square \xrightarrow{+188} \square$

d) $\square \xrightarrow{+50} \square \xrightarrow{-230} 145$

Seite 31 Aufgabe 3
a) Welche Zahl erhältst du, wenn du zu 256 zuerst …
b) …

4 Erfinde selbst Zahlenrätsel für andere Kinder. Verwende die Begriffe „addieren" und „Summe", „subtrahieren" und „Differenz". Stellt euch die Rätsel gegenseitig vor und löst sie.

Seite 31 Aufgabe 4
…

→ AH Seite 24

* verwenden die Fachbegriffe „addieren" und „subtrahieren", „Summe" und „Differenz"
* lösen und erfinden Zahlenrätsel unter Verwendung der entsprechenden Fachbegriffe

1 Lisa wohnt mit ihrer Familie seit vier Jahren in dem neuen Baugebiet „Längenholz".
Jedes Jahr werden dort weitere Häuser gebaut und Familien ziehen neu in diesen Ort.

Einwohnerzahlen Längenholz

Einwohnerzahl	am
625	31. 12. 2012
783	31. 12. 2013
897	31. 12. 2014
981	31. 12. 2015

a) Berechne, wie viele Einwohner in jedem Jahr neu zugezogen sind.

b) Vergleiche die Zahlen. In welchem Jahr sind die meisten Personen zugezogen, in welchem Jahr die wenigsten?

c) Rechne und stelle selbst Vergleiche zwischen verschiedenen Jahren auf. Schreibe so in dein Heft:
Im Jahr … sind ▭ mehr/sind ▭ weniger Personen zugezogen als im Jahr …

Seite 32 Aufgabe 1
a) 2013:
783 − 625 = 158
158 neue Einwohner
2014:
⋮
b) …

2 Erstelle zusammen mit einem anderen Kind zur Entwicklung der Einwohnerzahlen in Aufgabe 1 ein Plakat mit einem Schaubild.
Ihr könnt auf Millimeterpapier ein Säulendiagramm zeichnen oder die Zeichen □ (= Hunderter), | (= Zehner), . (= Einer) benutzen oder …
Zeigt und erklärt eure Darstellungen in der Klasse.

3 Die Preise vieler Produkte schwanken im Lauf eines Jahres.

	Computer	Skiausrüstung	Gartenhaus
vor Weihnachten	549 €	652 €	650 €
im Frühjahr	549 €	498 €	777 €
als Sonderangebot	498 €	450 €	698 €

a) Überlege gemeinsam mit einem anderen Kind, wieso das so ist.

b) Schreibt Vergleiche auf.

c) Welche Informationen enthält die Tabelle noch?
Schreibt eure Feststellungen und Rechnungen dazu auf.

d) Überlegt, ob ihr selbst Beispiele für derartige Preisschwankungen kennt.

Seite 32 Aufgabe 3
b) …

* entnehmen einer Tabelle Informationen
* entwickeln, nutzen und bewerten geeignete Darstellungsformen
* finden mathematische Lösungen zu Sachsituationen

1 Schau dir gemeinsam mit einem anderen Kind die Gegenstände an. Besprecht, wo ihr Rechtecke, Quadrate, Dreiecke und Kreise entdeckt.

2 Suche Gegenstände, die die Form von Rechtecken, Quadraten, Dreiecken und Kreisen haben. Schreibe oder zeichne sie auf. Ordne ihnen die passende Form zu.

3 Ordne den Formen die Merkmale zu.

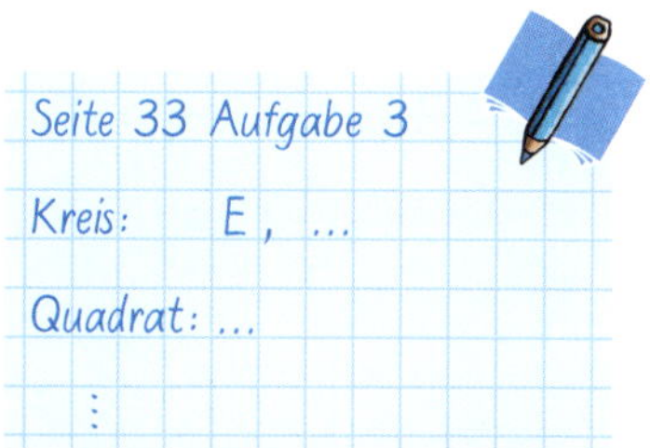

A Alle Seiten sind gleich lang.

B 3 Seiten

C 3 Ecken

Kreis | Quadrat | Rechteck | Dreieck

D Gegenüberliegende Seiten sind gleich lang.

E rund

F keine Ecken

G 4 Ecken

H 4 Seiten

* entnehmen Darstellungen von Alltagsgegenständen relevante Informationen hinsichtlich ihrer Flächenformen
* untersuchen die Flächenformen und verwenden Fachbegriffe zu deren Beschreibung

→ Ü Seite 20

Geometrische Grundformen zeichnen und entdecken

1 Zeichne ohne Lineal auf ein weißes Blatt beliebig große Dreiecke, Rechtecke, Kreise und Quadrate.

2 Zeichne mit dem Lineal folgende Figuren in dein Heft:

a) ein Quadrat, dessen Seiten 5 Kästchen lang sind
b) ein Rechteck, das 8 Kästchen lang und 4 Kästchen breit ist
c) ein Dreieck, dessen Grundseite 6 Kästchen lang ist
d) ein Quadrat mit der Seitenlänge 3 cm
e) ein Rechteck, das 5 cm lang und 2 cm breit ist
f) ein symmetrisches Dreieck, dessen Grundseite 4 cm lang ist

3 Zeichne im Heft Figuren nach folgenden Vorschriften:

a) ein Quadrat mit der Seitenlänge 4 cm. Es wird durch zwei Symmetrieachsen in 4 kleine Quadrate geteilt.
b) ein Quadrat mit der Seitenlänge 6 cm. Es wird durch zwei Symmetrieachsen in 4 Dreiecke geteilt.
c) ein Rechteck, das 8 cm lang und 4 cm breit ist. Es wird durch eine Symmetrieachse in 2 Quadrate geteilt.

4 Notiere zu jeder Figur die Grundformen (Kreis, Dreieck, Quadrat, Rechteck), die du entdeckst.

a) 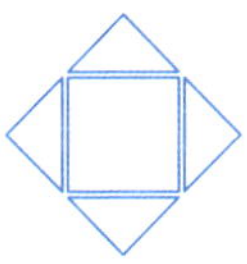
b) 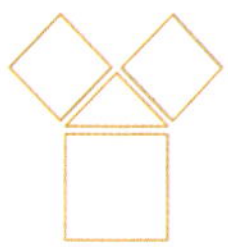
c) 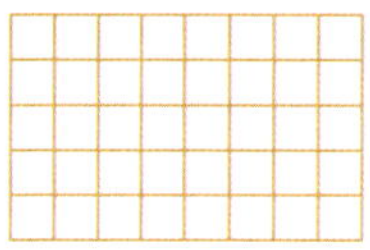
d) 

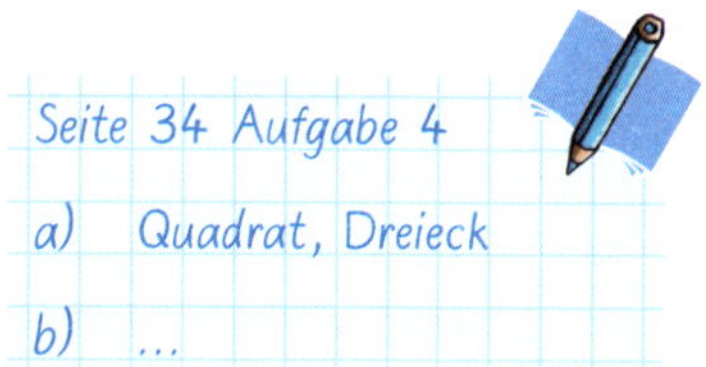

5 Schreibe auf, wie viele Quadrate und Dreiecke du in jeder Figur findest. Besprich deine Ergebnisse mit einem anderen Kind.

a) 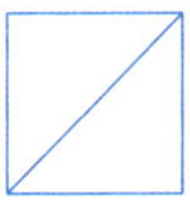
b) 
c) 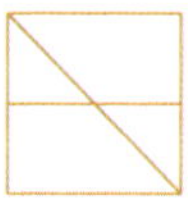
d) 
e) 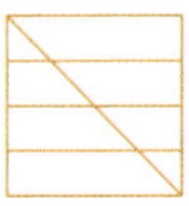
f) 
g) 
h) 

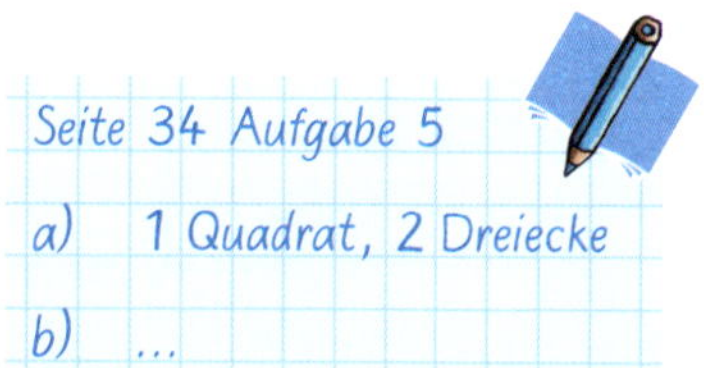

6 Zeichne mindestens zwei geometrische Grundformen in dein Lerntagebuch und beschreibe sie.

Geometrische Grundformen in der Kunst entdecken

Ilja Grigorjewitsch Tschaschnik:
Suprematische Komposition

Wassily Kandinsky:
Mit dem Dreieck

1 Betrachte die Kunstbilder gemeinsam mit einem anderen Kind. Besprecht zu jedem Bild, welche geometrischen Formen ihr entdeckt.

2 Wähle ein Bild aus und zeichne einen Ausschnitt daraus ab.

3 Gestalte selbst ein kunstvolles Gemälde aus geometrischen Formen. Du kannst dir Gegenstände suchen, die du als Schablonen verwenden kannst, oder Formenplättchen aus Pappe umfahren. Mit farbigem Transparentpapier kannst du selbst ein tolles Kunstwerk schaffen.

* verwenden bei der Beschreibung von Kunstbildern mathematische Fachbegriffe
* gehen kreativ mit geometrischen Figuren um

Knobelaufgaben: Mit Streichhölzern Figuren legen

1 Lege die dargestellten Figuren mit Streichhölzern oder Zahnstochern nach. Verändere die Figuren nach Vorschrift und zeichne dein Ergebnis ins Heft.

a) Lege zwei Hölzchen so um, dass du vier Dreiecke erhältst.

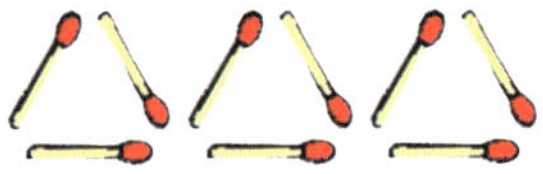

b) Entferne zwei Hölzchen so, dass drei kleine Dreiecke übrig bleiben.

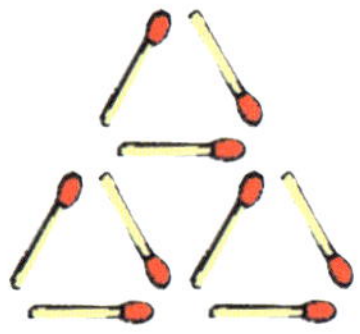

c) Lege zwei Hölzchen so um, dass aus den Rechtecken sechs Quadrate entstehen.

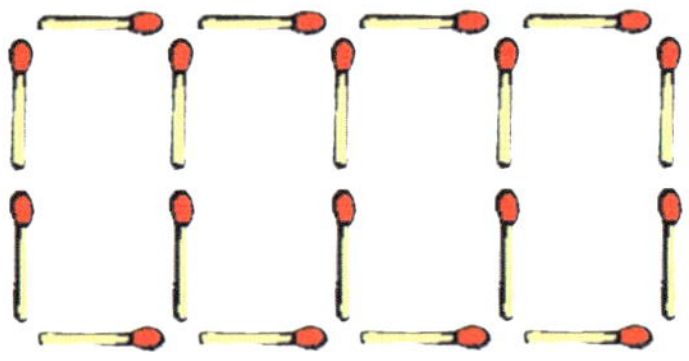

d) Nimm vier Hölzchen so weg, dass ein großes Quadrat und vier kleine Quadrate übrig bleiben.

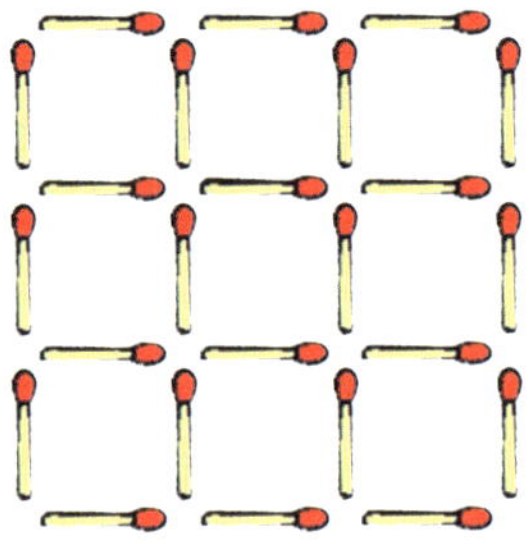

e) Vergleiche deine Ergebnisse mit denen eines anderen Kindes.

2 Arbeite gemeinsam mit einem Partnerkind. Legt die Figuren nach. Setzt die Reihe fort.

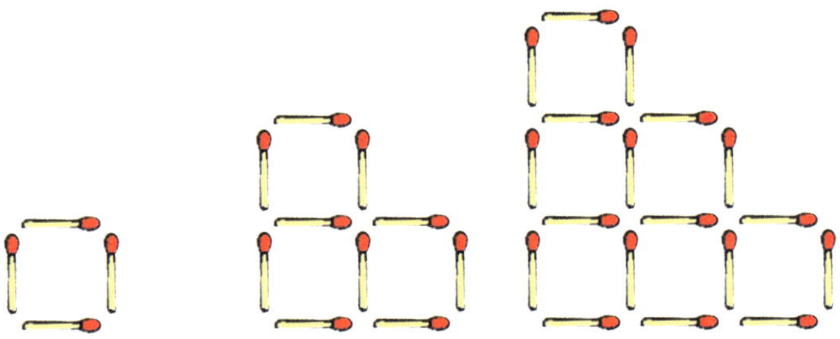

1 Quadrat 3 Quadrate 6 Quadrate

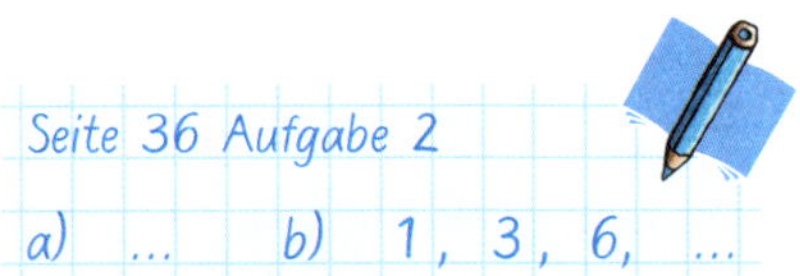

a) Aus wie vielen kleinen Quadraten besteht die nächste Figur? Aus wie vielen die übernächste?

b) Schreibt die Anzahl der kleinen Quadrate als Zahlenreihe auf.

c) Findet ihr die Rechenregel, mit der ihr die Anzahl der kleinen Quadrate bei der 6. Figur bestimmen könnt?

* verändern durch Umlegen ebene Figuren nach Vorgaben
* erkennen, beschreiben und begründen die Struktur einer Figurenreihe

1 Flächeninhalte mithilfe von Kästchen bestimmen

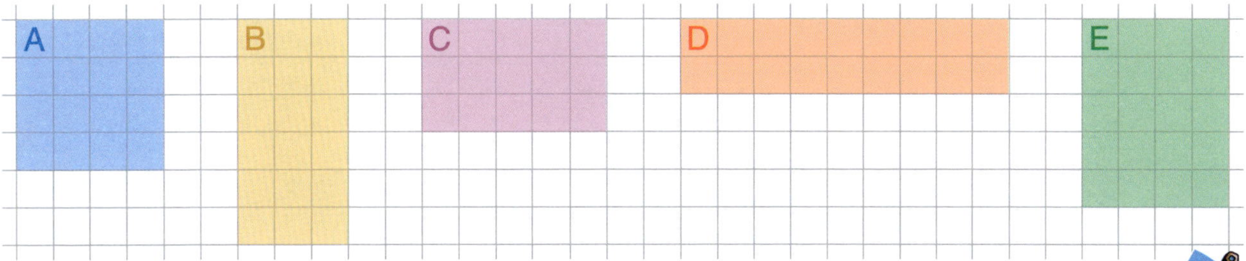

a) Schätze, welche Figur die größte Fläche hat.

b) Ermittle die Größe der Fläche für jede Figur. Bestimme dazu die Anzahl der ausgemalten Kästchen.

Seite 37 Aufgabe 1
a) Die größte Fläche hat: ...
b) Figur A:
4 · 4 = 16 Kästchen
⋮

2 Bestimme, wie viele Kästchen in die Flächen passen. Vergleiche und besprich deine Lösungen mit einem anderen Kind.

Seite 37 Aufgabe 2
A: ... Kästchen B: ...

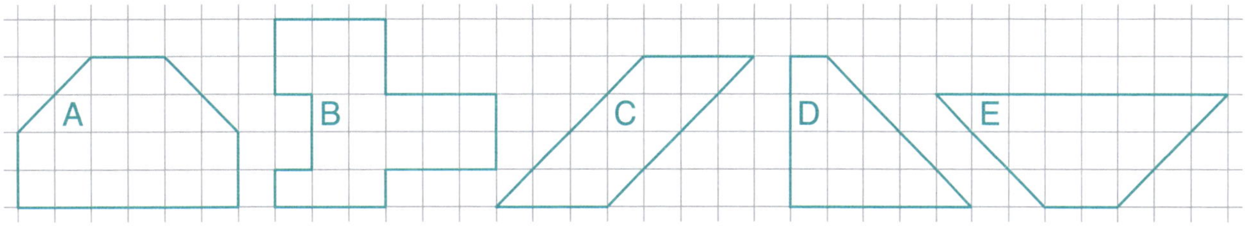

3 Bestimme für jede Figur den Flächeninhalt über die Anzahl der Kästchen. Du kannst die Figuren zerlegen und dann wie in Aufgabe 1 berechnen.

Seite 37 Aufgabe 3
A: ...

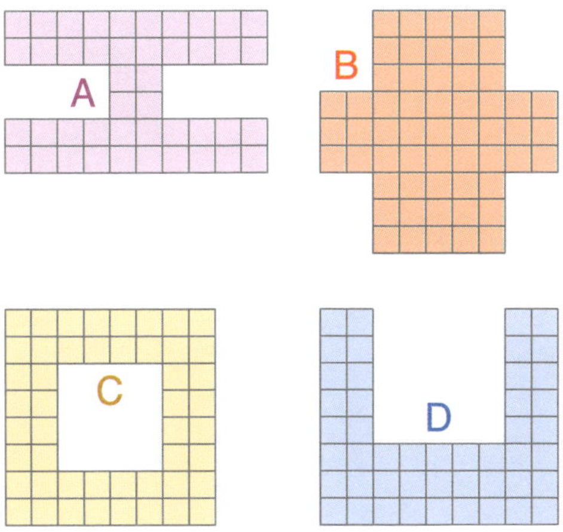

Figuren mit gleichem Flächeninhalt erkennen und zeichnen

1 Finde Figuren mit gleich großem Flächeninhalt.
Schreibe diese jeweils nebeneinander auf.

Seite 38 Aufgabe 1
A – …, …

2 Finde ohne Abzählen der Kästchen jeweils
die beiden Figuren mit der gleich großen Fläche.

a) Schreibe die beiden Paare auf.

b) Beschreibe deine Überlegungen
einem anderen Kind.

Seite 38 Aufgabe 2
a) …

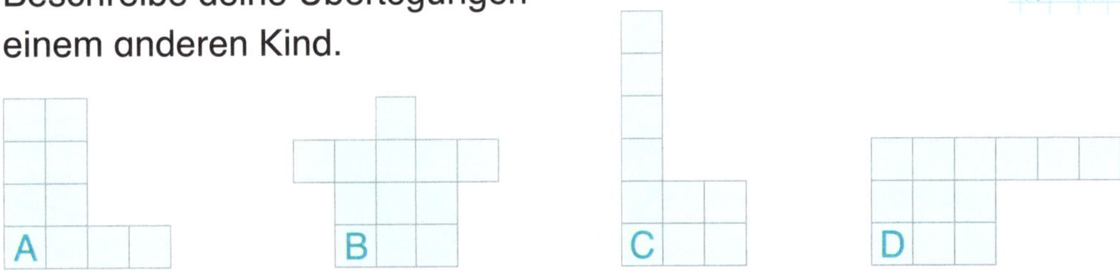

3 Zeichne jeweils weitere Figuren mit gleichem Flächeninhalt.

a) 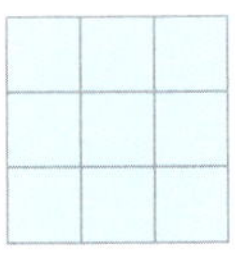

b) 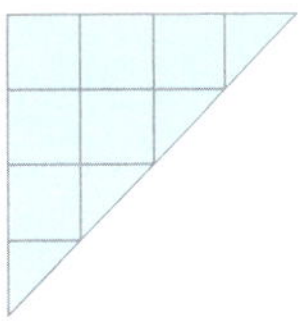

c) 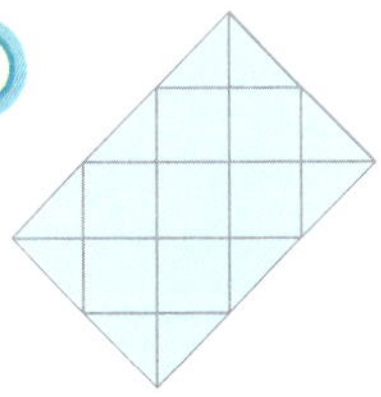

Seite 38 Aufgabe 3
a) …

⋆ übertragen ihre Vorgehensweise bei der Flächenbestimmung auf den Vergleich von dargestellten Flächen
⋆ beschreiben ihre Vorgehensweise bei Flächenvergleichen

→ AH Seite 25
→ Ü Seite 21

Ornamente gestalten

1 

Schau dir die Muster an. Überlege, ob und wo du solche Ornamente schon einmal gesehen hast.

2 Auch mit solchen Flächenformen kann man Ornamente gestalten:

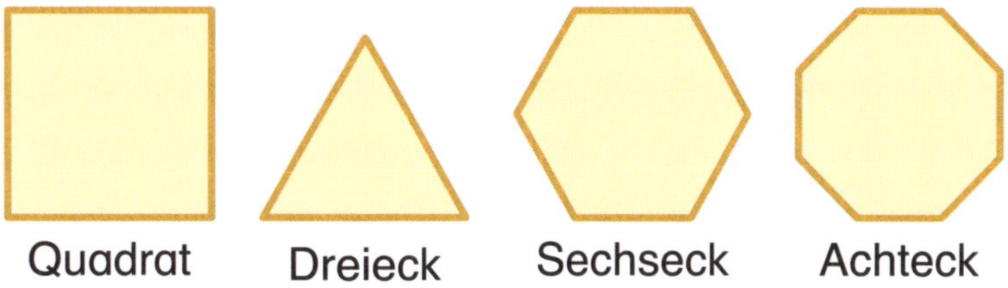

a) Suche mindestens ein Ornament aus.
Zeichne es ab und setze es nach rechts und unten fort.
Du kannst es auch farbig gestalten.

Seite 39 Aufgabe 2
a) ...

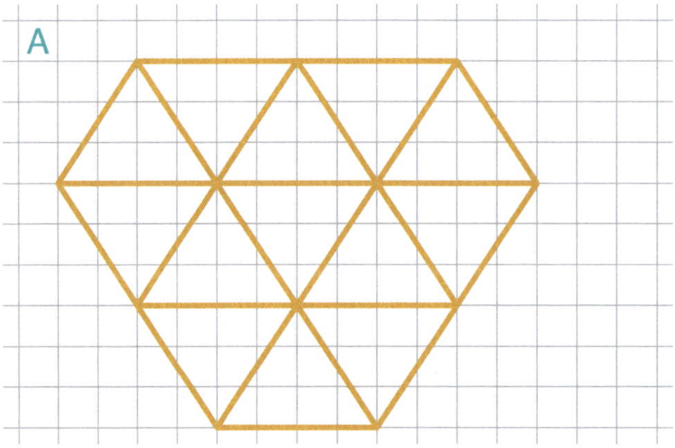

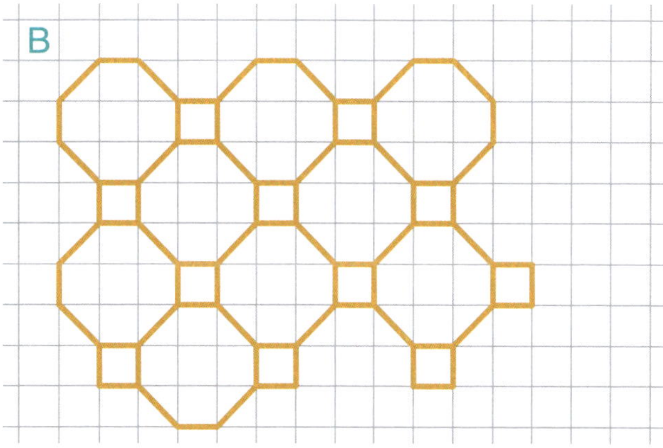

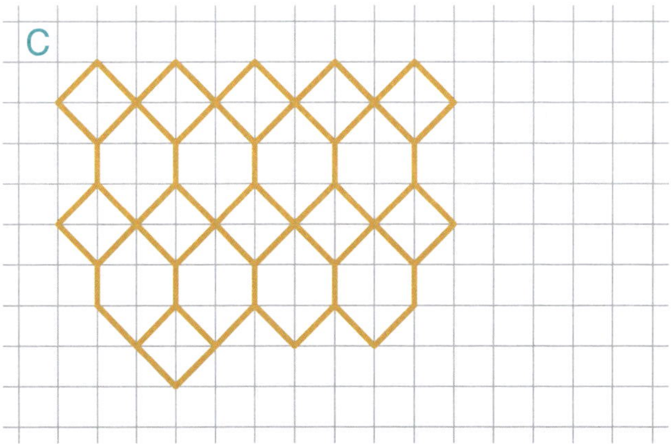

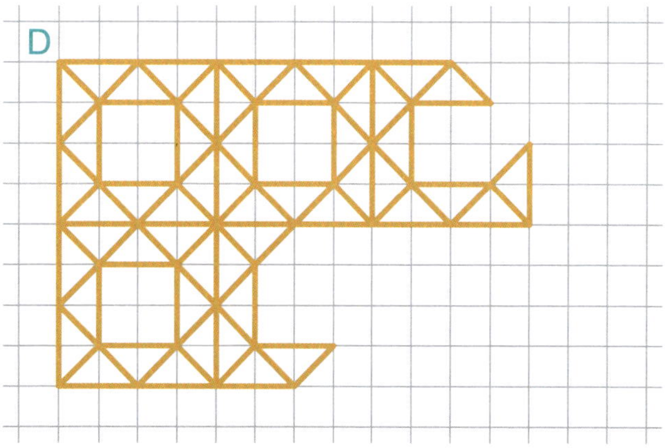

b) Gestalte selbst ein Ornament, das ein anderes Kind fortsetzen kann.

→ AH Seite 26

⋆ übertragen Ornamente und setzen sie fort
⋆ gestalten eigene Muster und Ornamente

1 Suche dir ein anderes Kind. Beschreibt euch gegenseitig das Ornament. Welche Begriffe könnt ihr dafür nutzen?

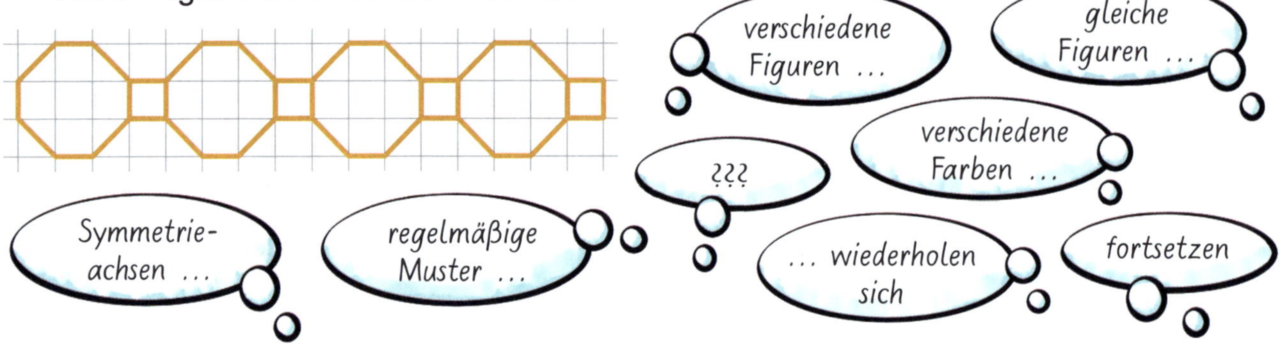

2 Wähle ein Muster aus.

a) Zeichne es in dein Heft. Setze es fort, so dass daraus ein Bandornament wird.

b) Verändere das Muster in deinem Heft. Es soll ein Bandornament bleiben.

c) Begründe einem anderen Kind, warum das Muster auch nach deiner Veränderung ein Bandornament ist.

A

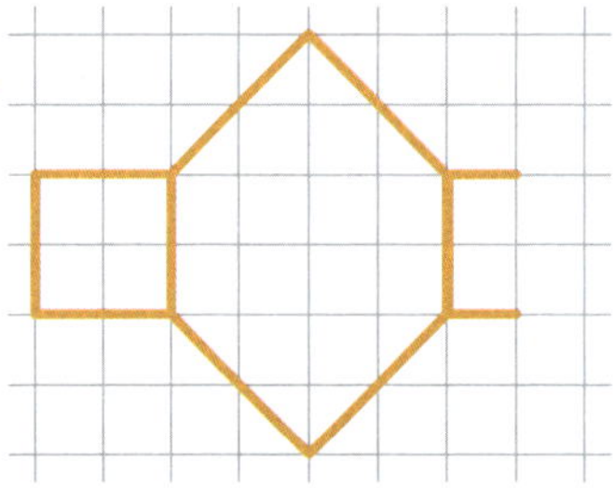

B

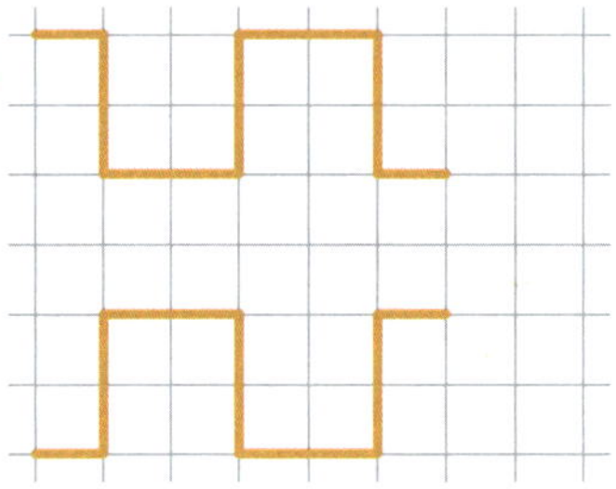

C

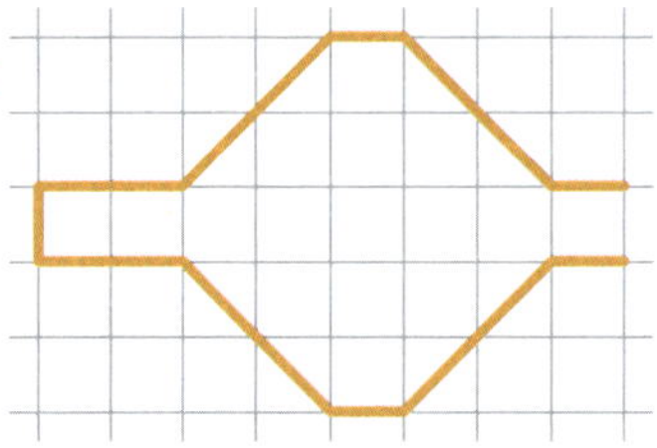

3 Besprich mit einem anderen Kind, welche der beiden Figuren ein Bandornament ist und warum.

A

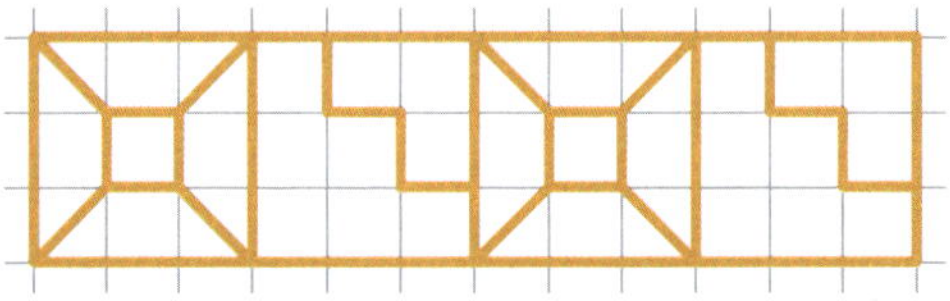

B

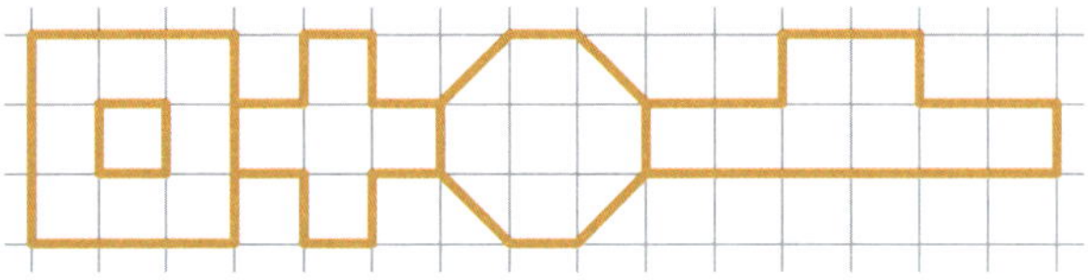

90 + 60 − 80	150 − 60 + 30 − 70	60 + 50 − 30 + 40 − 60

★ bestimmen und erklären Gesetzmäßigkeiten in Bandornamenten, verändern diese oder setzen sie fort